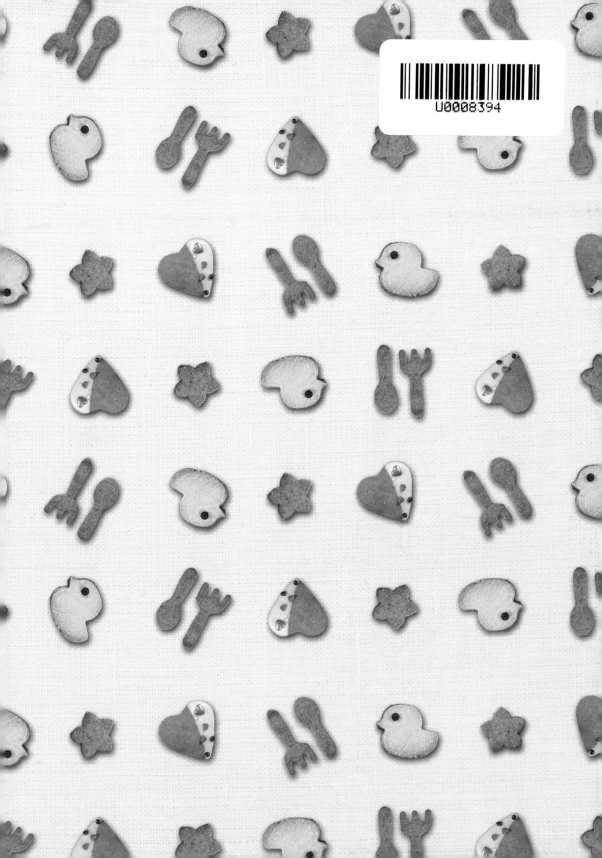

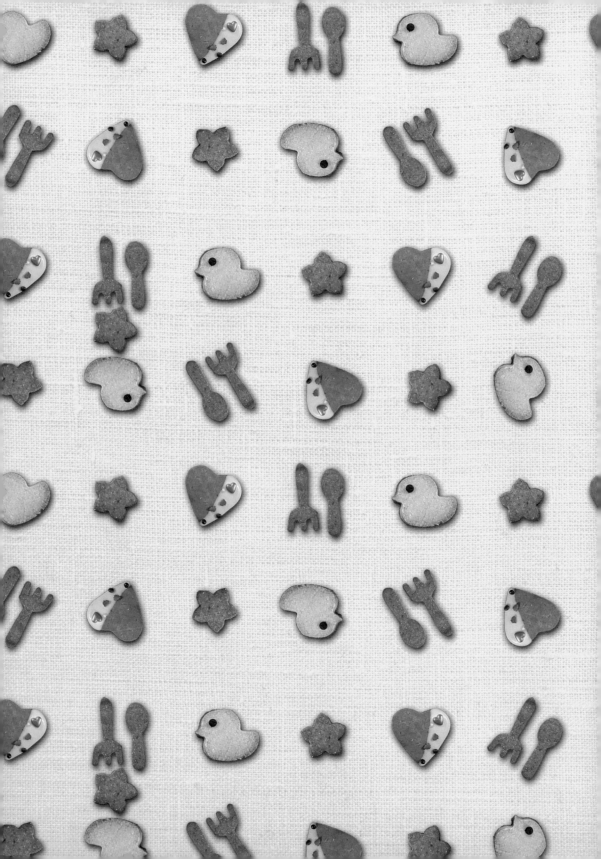

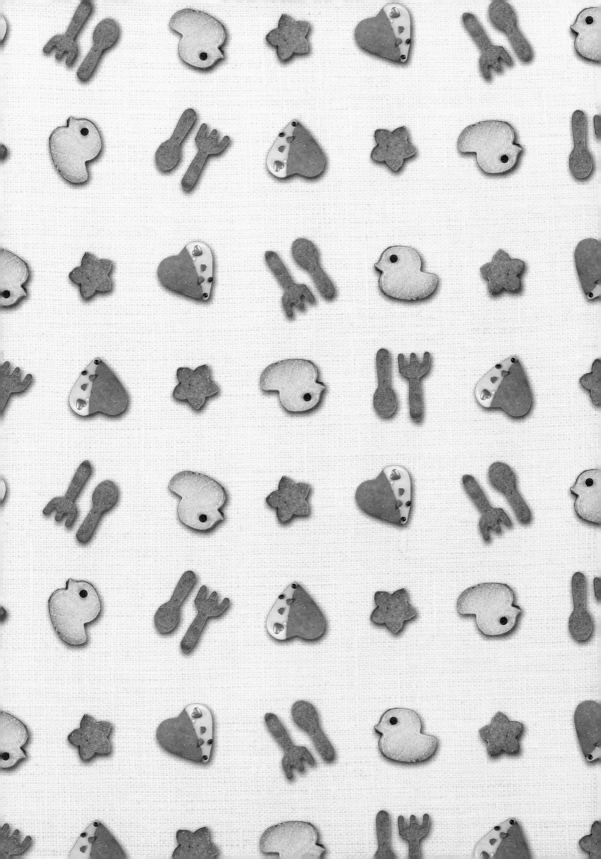

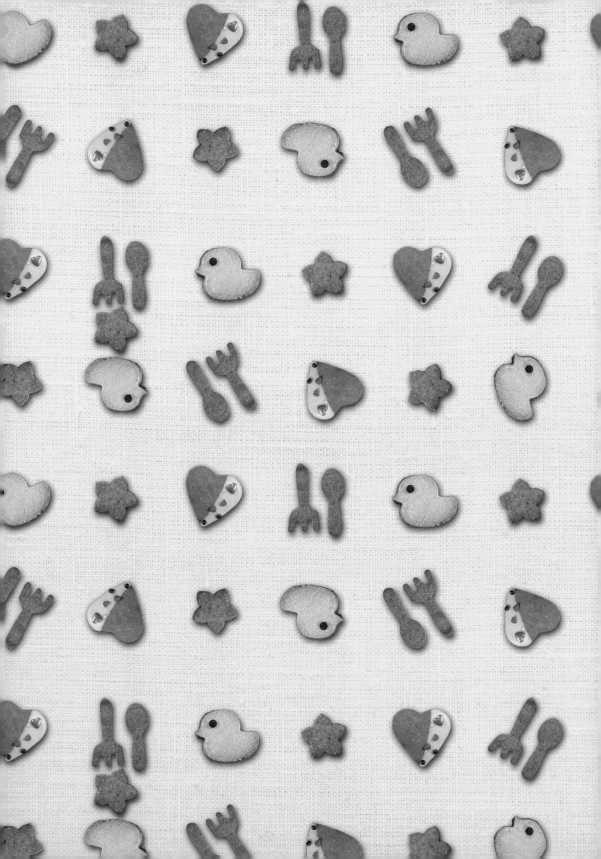

呂昇達◎著

100% 幸福無添加
手作餅乾

呂老師的80道五星級餅乾與點心

自序
用愛烘焙出 100% 的幸福與健康

　　近年來食安問題層出不窮，身為家庭第一道防線的媽媽們，無不為了家人的健康和安心著想，為了營造輕鬆製作餅乾甜點的氛圍，老師設計了一系列手工就能操作的糕點，只需要攪拌器、鋼盆和小烤箱，就能在家打造出適合自己的美味點心房。

　　本書沒有艱深的理論和技術，只有美味關係和烘焙幸福，製作餅乾時，我們不能想著：要是失敗了怎麼辦？ 而是要想著：好期待～家人吃到餅乾的笑容！

　　本書收錄的 80 種配方，都是 100% 無添加的健康美味餅乾，沒有小蘇打、沒有泡打粉等任何化學添加物，只有滿滿的愛心、真心和用心，希望與所有讀者一起分享。

　　特別感謝協力本書的呂雅琪、柯美庄、陳詩婷、葉瓊芬 (葉旺旺)、劉安綺、鄧鈺樺。

呂昇達 老師

PART 4

小點心

餅乾基本元素

本書將帶著大家，在家裡就能自己製作出好吃又健康安心的點心餅乾，簡易步驟即使是小朋友也能快樂參與。僅利用製作餅乾的基礎食材「粉、糖、油、液」比例調配，不需要加小蘇打粉、泡打粉等添加物就能完美烘烤，再佐以「裝飾／配料」食材，衍生出各式各樣的餅乾美味變化！

粉—澱粉

● 低筋麵粉

● 全麥麵粉

● 玉米粉

● 米粉（蓬萊米或在來米均可）

● 杏仁粉

● 抹茶粉

● 即溶咖啡粉

● 紅茶粉

● 起司粉

● 洋香菜粉

糖

● 砂糖

● 二砂糖

● 楓糖漿

● 糖粉

● 赤黑糖

● 黑糖

● 蜂蜜

● 煉乳

油

● 奶油（本書均使用「無鹽奶油」）

● 橄欖油

粉—風味粉

● 奶粉

● 可可粉

● 肉桂粉

● 南瓜粉

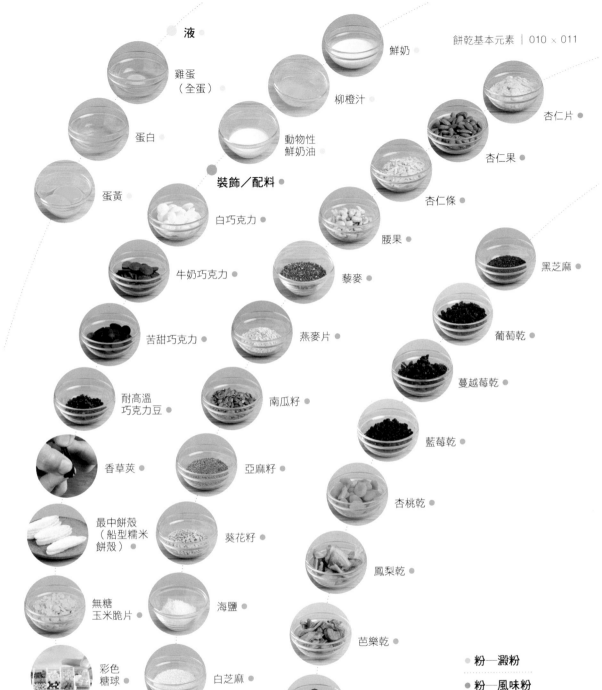

液

雞蛋（全蛋）

蛋白

蛋黃

鮮奶

柳橙汁

動物性鮮奶油

杏仁片

杏仁果

杏仁條

裝飾／配料

白巧克力

牛奶巧克力

苦甜巧克力

耐高溫巧克力豆

香草莢

最中餅殼（船型糯米餅殼）

無糖玉米脆片

彩色糖球

核桃

夏威夷豆

腰果

藜麥

燕麥片

南瓜籽

亞麻籽

葵花籽

海鹽

白芝麻

黑芝麻

葡萄乾

蔓越莓乾

藍莓乾

杏桃乾

鳳梨乾

芭樂乾

番茄乾

枸杞

- 粉─澱粉
- 粉─風味粉
- 油
- 糖
- 液
- 裝飾／配料

1. 書中特別標明「**最佳賞味期限**」，代表著每種手工餅乾能夠享用到最佳風味的期限，希望能讓大家瞭解到餅乾並不是放越久越好，而是有所期限。「最佳賞味期限」也可用在自組餅乾禮盒時，選用相同期限的組合。

   書中的手工餅乾完全沒有任何添加物，**保存期限**是最佳賞味期再加 2～3 天。

2. 本書的配方大多為**素食者**可食用，包括蛋素、奶素、蛋奶素、全素等，請參詳各配方使用食材。

3. 所有粉類在使用前均需先**過篩**，包括糖粉。

4. **雞蛋**不管是全蛋或蛋白或蛋黃，在使用前均需先打散成蛋花後再秤量出所需用量。

5. 如果步驟需進烤箱烘烤，請使用**生堅果**以避免產生油耗味。

6. 餅乾**出爐**後都盡量等冷卻再各別移動，以免形狀塌散。

輔助說明 融化巧克力及烘烤堅果的注意事項

微波爐融化巧克力

設定 10～15 秒就取出攪拌，重複至全部融化為止。反覆攪拌是要了保持巧克力中心溫度不超過 45 度，以免巧克力容易變質。

隔水加熱融化巧克力

以小火加熱，過程注意水溫不要超過 50 度，不然巧克力容易變質。

烘烤南瓜籽跟葵花籽

以 120 度低溫烘烤，**不計時直接觀察**烤爐內狀況，烤至籽類堅果膨脹起來就可以出爐。因為膨脹代表水分蒸發，若再繼續烘烤，營養成分也會隨水分流失。

烘烤杏仁條

以 120 度烘烤 20 ～ 25 分鐘
（依個別烤箱狀態而定）
要烤到表面金黃色，但表面不要出油的狀
態。注意不要烤到變咖啡色，否則後續使用
上會無法再次烘烤加工。

烘烤杏仁果

以 100 ～ 110 度烘烤 40 ～ 60 分鐘
（依個別烤箱狀態而定）
要烤到整顆酥脆的狀態，包括切開裡頭也會
是脆的。因為是整顆的完整穀物，所以要用
較低溫烤久一點保留風味及營養。

烘烤腰果、夏威夷豆、核桃、胡桃等 高油脂堅果

以 120 度烘烤 15 ～ 20 分鐘左右
（依個別烤箱狀態而定）
低溫但烘烤時間要稍短，因為重點在於要烤
到將香氣完全釋放出來，而不是為了烤脆。
如果烤到脆反而會失去香氣，就只是硬而
已。判斷是否烘烤完成，一般是看烘烤出表
面有油光的狀態。

炒芝麻

用小火炒，炒至出油且有香氣，注意不要炒
到變色。

PART 1

壓延餅乾

Hard Biscuit

「壓延餅乾」是指餅乾麵糰製作完成後，會壓延開來再造出形狀的餅乾類別。通常會經由冰箱冷藏的程序讓其更加凝結。不同厚度有不同口感，變化性很大，可以切成方塊更可運用個人喜愛的各種餅乾模具，讓手工餅乾更加有趣味性。

橄欖油全麥餅乾

最佳賞味期
5 天

分量
10gX30 個

器具
打蛋器
長刮刀
鋼盆
擀麵棍

食材
橄欖油⋯⋯⋯50g
全麥麵粉⋯150g
二砂糖⋯⋯40g
蜂蜜⋯⋯⋯40g
鮮奶⋯⋯⋯20g

烤箱設定

170 度
15 分鐘

1. 鋼盆中加入橄欖油、蜂蜜、二砂糖、鮮奶，用打蛋器攪拌均勻。

2. 加入過篩的 100% 全麥麵粉，用長刮刀拌勻至看不見粉粒。

3. 將麵糰裝進塑膠袋中，捏揉集中成糰。

4. 先用手將袋中的麵糰壓展開來，讓麵糰順著袋子形狀成為方形。

5. 反折袋口後，再用擀麵棍將其均勻壓平為約 0.5 公分厚的麵糰。若覺得擀麵棍擀起來不夠平整，可利用平烤盤或砧板壓平麵糰。

6. 將麵糰放進冰箱冷藏 30 分鐘。

7. 將包裝的塑膠袋剪開，取出麵糰，用花形壓模壓印出餅乾造形，置於烤盤。

8. 放入已預熱的烤箱中，以 170 度烤 15 分鐘。

呂老師 Note

- 全麥餅乾在國外最初被視為乾糧，並非點心，含糖量也比較少，早期更是僅用天然蜂蜜而不再另外加糖。
- 全麥餅乾會較有飽足感，因此選的壓模造形請盡量不要太大。
- 健康取向的全麥餅乾，香氣來自於所使用的橄欖油，因此橄欖油等級請盡量選用好一點的。
- 步驟 4：隔著袋子擀壓麵糰，會因為袋內有空氣而不易壓平，可先用牙籤在塑膠袋的角落邊緣刺 1、2 個小小的洞，即可順利進行。
- 步驟 5：全麥麵粉屬高筋麵粉，先冷藏麵糰可避免出油跟出筋。
- 步驟 6：模具內先塗少許油，會比較好脫模。壓模時注意間距不要靠太近，否則容易碎裂。

白巧克力尾巴貓全麥餅乾

食材與步驟1～7同橄欖油全麥餅乾。僅需多準備白巧克力，並且步驟6改用貓咪壓模壓印餅乾造形。

8 餅乾出爐後放涼時，以隔水加熱方式融化白巧克力，記得保持微溫狀態。

9 將已放涼的餅乾斜放進巧克力醬中，讓尾巴形狀沾上巧克力，不要沾太厚，可在沾好時馬上略甩動將多餘巧克力醬甩落。

10 餅乾先在不沾布上放下再拿取，就能讓部分巧克力醬沾留在不沾布上，而避免巧克力醬在餅乾上的分量過多。

11 將餅乾靜置等到巧克力完全冷卻即完成。

呂老師Note ──────────

❀ 善用可愛動物造形，可以吸引小朋友喜歡健康取向的餅乾。

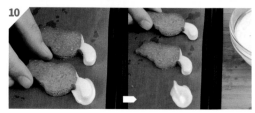

橄欖油雜糧餅乾
與蜂蜜燕麥餅乾

橄欖油雜糧餅乾 ［全素］

最佳賞味期

7 天

分量

15g X 23 個

器具

打蛋器
長刮刀
鋼盆
擀麵棍

食材

橄欖油	50g
二砂糖	50g
蜂蜜	50g
低筋麵粉	100g
燕麥片	50g
杏仁片	20g
葵花籽	20g
亞麻籽	10g

烤箱設定

150 度
25 ～ 30 分鐘

1　鋼盆中加入橄欖油、蜂蜜、二砂糖，用打蛋器攪拌均勻。

2　加入燕麥片、杏仁片、葵花籽、亞麻籽、過篩的低筋麵粉，用長刮刀拌勻至看不見粉粒。

3　將麵糰在常溫下靜置 30 分鐘，讓所有風味滲透進麵糰。

4　在烤盤上放置橢圓形模，從靜置完成的麵糰取出約 15 公克的小麵糰搓圓，放進模具中，以擀麵棍一端壓平後，輕抬高模具，慢慢脫模。

5　放入已預熱的烤箱中，以 150 度烤 25 ～ 30 分鐘。

呂老師 Note

❀ 製作全麥或是多穀物類餅乾，使用香氣較濃的蜂蜜，效果會比使用楓糖好。

❀ 步驟 4：模具內先塗少許油，會比較好脫模。

1

2
4

蜂蜜燕麥餅乾

最佳賞味期

5天

分量

15g X 20 個

器具

打蛋器
長刮刀
鋼盆
擀麵棍

食材

奶油	40g
二砂糖	60g
蜂蜜	20g
雞蛋	15g
低筋麵粉	50g
全麥麵粉	20g
燕麥片	70g
葡萄乾	20g

烤箱設定

150 度
25 ～ 30 分鐘

1 奶油放置室溫軟化至可用手指按壓得下去的程度。

2 鋼盆中加入軟化的奶油、蜂蜜、二砂糖、雞蛋，用打蛋器攪拌均勻即可，不要打太久。

3 加入燕麥片、葡萄乾、亞麻籽、過篩的低筋麵粉、過篩的全麥麵粉，用長刮刀拌勻至看不見粉粒。

4 將麵糰在常溫下靜置 30 分鐘，讓所有風味滲透進麵糰。

5 在烤盤上放置六角形模，從靜置完成的麵糰取出約 15 公克的小麵糰搓圓，放進模具中，先以手指壓開來，再以擀麵棍一端壓平。

6 輕抬高模具，緩緩脫模。

7 放入已預熱的烤箱中，以 150 度烤 25 ～ 30 分鐘。

呂老師Note

⚙ 步驟 3：若喜歡葡萄乾口味，可以自行再多加一點。

⚙ 步驟 5：模具內先塗少許油，會比較好脫模。

藜麥方塊酥

最佳賞味期
7 天

分量
10g×22 個

器具
打蛋器
長刮刀
鋼盆
擀麵棍
刀子
直尺

食材
奶油…………50g
糖粉…………30g
蛋白…………20g
低筋麵粉…100g
全麥麵粉…50g
煮熟的
藜麥…………30g

烤箱設定
160 度
20 ～ 25 分鐘

1 藜麥要先煮熟，並完全瀝乾至沒有水分。

2 奶油放置室溫軟化至可用手指按壓得下去的程度。

3 鋼盆中加入軟化的奶油、糖粉，用打蛋器攪拌均勻即可，不要打太久。

4 蛋白分 2 次加入，用打蛋器快速攪拌，均勻混合至看不到液體，顏色略變淡的狀態。

5 加入煮熟的藜麥、過篩的低筋麵粉、過篩的全麥麵粉，用長刮刀拌勻至看不見粉粒。

6 將麵糰裝進塑膠袋中，在袋中用力捏揉集中成糰。

7 先用手將袋中的麵糰壓展開來，讓麵糰順著袋子形狀成為方形。

8 反折袋口後，再用擀麵棍將其均勻壓平為約 0.7 公分厚的麵糰。若覺得擀麵棍擀起來不夠平整，可利用平烤盤或砧板壓平麵糰。

9 將麵糰放進冰箱冷藏 60 分鐘。

10 將包裝的塑膠袋剪開，取出麵糰，以刀子先修邊切除不規則邊緣，讓麵糰成為方整的形狀。

11 將麵糰切成各 4.5 公分×2 公分的方形置於烤盤。

12 放入已預熱的烤箱中，以 160 度烤 20 ～ 25 分鐘。

呂老師 Note

● 方塊酥正統配方所使用的食材是豬油，但考量到素食者，所以配方改以奶油替代，若家人沒有吃素可直接用豬油或用油蔥酥製作。另外，奶油也可用橄欖油替代。

● 步驟 1：藜麥需先水洗過後瀝乾再煮。

● 步驟 3：不要攪拌太久使得奶油顏色變淺，不然完成的餅乾會容易掉屑。

● 步驟 5：如果選用的是台灣原生種紅麥，天然色素成分讓麵糰變色屬正常現象。

● 步驟 7：隔著袋子擀壓麵糰，會因為空氣而不易壓平，可先用牙籤在塑膠袋的角落邊緣刺 1、2 個小小的洞，即可順利進行。

● 步驟 10：切割時如果覺得麵糰太軟不好切，可先放冰箱冷凍庫 10 分鐘後再取出來切。剩餘的麵糰邊可收集起來放冰箱冷藏，在下次做方塊酥時加入麵糰混和使用。

芝麻
方塊酥

最佳賞味期
5 天

分量
5gX36 個

器具
打蛋器
長刮刀
鋼盆
擀麵棍
刀子
直尺

食材
奶油…………50g
糖粉…………30g
蛋白…………20g
低筋麵粉…130g
米粉…………20g
黑芝麻………15g
白芝麻………15g

烤箱設定

160 度
20 ～ 25 分鐘

1　奶油放置室溫軟化至可用手指按壓得下去的
　　程度。

2　鋼盆中加入軟化的奶油、糖粉，用打蛋器攪
　　拌均勻即可，不要打太久。

3　蛋白分 2 次加入，用打蛋器快速攪拌，均勻
　　混合至看不到液體，顏色略變淡的狀態。

4　加入黑芝麻、白芝麻、過篩的低筋麵粉、過
　　篩的米粉，用長刮刀拌勻至看不見粉粒。

5　將麵糰裝進塑膠袋中，在袋中用力捏揉集中
　　成糰。

6　先用手將袋中的麵糰壓展開來，讓麵糰順著
　　袋子形狀成為方形。

7　反折袋口後，再用擀麵棍將其均勻壓平為約
　　0.5 公分厚的麵糰。若覺得擀麵棍擀起來不
　　夠平整，可利用平烤盤或砧板壓平麵糰。

8　將麵糰放進冰箱冷藏 60 分鐘。

呂老師 Note

⚙ 正統配方使用的是豬油，但考量到素食者所
以配方改以奶油替代，若家人沒有吃素可直
接用豬油或用油蔥酥。另外，奶油也可用橄
欖油替代。

⚙ 步驟 2：不要攪拌太久讓奶油顏色變淺，不
然完成的餅乾會容易掉屑。

⚙ 步驟 7：隔著袋子擀壓麵糰，會因為空氣而
不易壓平，可先用牙籤在塑膠袋的
角落邊緣刺 1、2 個小小的洞，即可
順利進行。

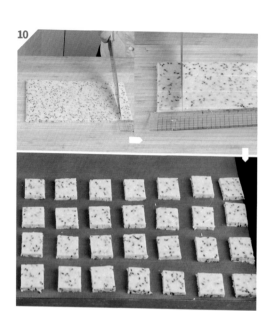

9 將包裝的塑膠袋剪開，取出麵糰，以刀子先修邊切除不規則邊緣，讓麵糰成為方整的形狀。

10 將麵糰切成各 2.5 公分×2.5 公分的方形置於烤盤。

11 放入已預熱的烤箱中，以 160 度烤 20 ～ 25 分鐘。

呂老師Note

❂ 步驟 9：切割時如果覺得麵糰太軟不好切，可先放冰箱冷凍庫 10 分鐘後再取出來切。

芝麻酥小饅頭

芝麻或藜麥方塊酥的麵糰切完後，剩餘的麵糰可收集起來放冰箱冷藏，在下次做方塊酥時加入麵糰混和使用。或是也可做成圓圓的小饅頭餅乾。

1 方塊酥剩餘麵糰個別取出約 10 公克，用掌心滾圓後置於烤盤。用篩網灑上一層足量糖粉。

2 放入已預熱的烤箱中，以 160 度烤 15 ～ 20 分鐘。

海鹽
布雷頓餅乾

最佳賞味期
3 天

分量
25g x 12 個

器具
打蛋器
長刮刀
鋼盆
擀麵棍
圓形模
刷子

食材
奶油 ⋯⋯⋯⋯ 80g
砂糖 ⋯⋯⋯⋯ 30g
蛋黃 ⋯⋯⋯⋯ 15g
低筋麵粉 ⋯⋯ 80g
全麥麵粉 ⋯⋯ 20g
杏仁粉 ⋯⋯⋯ 50g

裝飾
蛋黃 ⋯⋯⋯ 適量
海鹽 ⋯⋯⋯ 適量

烤箱設定
180 度
15 ～ 20 分鐘

1 奶油放置室溫軟化至可用手指按壓得下去的程度。

2 鋼盆中加入軟化的奶油、砂糖,用打蛋器攪拌均勻即可,不要打太久。

3 蛋黃分 2 次加入,用打蛋器快速攪拌,均勻混合至看不到液體,顏色略變淡的狀態。

4 加入杏仁粉、過篩的低筋麵粉、過篩的全麥麵粉,用長刮刀拌勻至看不見粉粒。

5 將麵糰裝進塑膠袋中,在袋中用力捏揉集中成糰。

6 先用手將袋中的麵糰壓展開來,讓麵糰順著袋子形狀成為方形。

7 反折袋口後,再用擀麵棍將其均勻壓平為約 1 公分厚的麵糰。若覺得擀麵棍擀起來不夠平整,可利用平烤盤或砧板壓平麵糰。

8 將麵糰放進冰箱冷藏 60 分鐘。

9 將包裝的塑膠袋剪開，取出麵糰，用圓形模壓印餅乾造形。

10 脫模後將圓形麵糰底部朝上置於烤盤。

11 表面輕刷一層蛋黃液後，灑上足量海鹽。

12 放入已預熱的烤箱中，以 180 度烤 15 ～ 20 分鐘。

呂老師 Note

⚙ 步驟 9：模具內先塗少許油，會比較好脫模。壓模時注意間距不要靠太近，否則容易碎裂。

 鴨子布雷頓餅乾

食材與步驟 1 ～ 10 同海鹽布雷頓餅乾，只是步驟 6 改用鴨子壓模壓印餅乾造形。並使用耐高溫巧克力豆作為眼睛。

愛心肉桂
巧克力餅乾

最佳賞味期
5 天

分量
10gX25 個

器具
打蛋器
長刮刀
鋼盆
心形模
擀麵棍

食材
低筋麵粉 100g
玉米粉 20g
可可粉 4g
肉桂粉 1g
奶油 35g
楓糖漿 85g
鮮奶 5g

裝飾
白巧克力 100g
市售
彩色糖球 適量

烤箱設定
180 度
15 ～ 20 分鐘

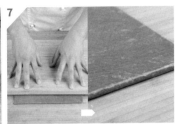

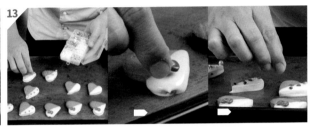

1 奶油放置室溫軟化至可用手指按壓得下去的程度。

2 鋼盆中加入軟化的奶油、楓糖漿、肉桂粉、可可粉，用打蛋器攪拌均勻即可，不要打太久。

3 加入鮮奶，用打蛋器快速攪拌，均勻混合至完全融合。

4 加入過篩的低筋麵粉、過篩的玉米粉，用長刮刀拌勻至看不見粉粒。

5 將麵糰裝進塑膠袋中，在袋中用力捏揉集中成糰。

6 先用手將袋中的麵糰壓展開來，讓麵糰順著袋子形狀成為方形。

7 反折袋口後，再用擀麵棍將其均勻壓平為約 0.5 公分厚的麵糰。若覺得擀麵棍擀起來不夠平整，可利用平烤盤或砧板壓平麵糰。

8 將麵糰放進冰箱冷藏 60 分鐘。

9 將包裝的塑膠袋剪開，取出麵糰，用心形模壓出餅乾造形後置於烤盤。

10 放入已預熱的烤箱中，以 180 度烤 15 ～ 20 分鐘。

11 餅乾出爐後放涼時，以隔水加熱方式融化白巧克力（可參考 P.12），記得保持微溫狀態。

12 將已放涼的餅乾斜放進巧克力醬中，讓餅乾 1/3 沾上巧克力，不要沾太厚，可在沾好時馬上略甩動，將多餘巧克力醬甩落。

13 選用喜歡的彩色糖球擺放在巧克力醬上裝飾。

呂老師 Note

● 步驟 7：隔著袋子擀壓麵糰，會因為空氣而不易壓平，可先用牙籤在塑膠袋的角落邊緣刺 1、2 個小小的洞，即可順利進行。

● 步驟 9：模具內先塗少許油，會比較好脫模。壓模時注意間距不要靠太近，否則容易碎裂。除了愛心之外也可自行選用鑰匙等各式造形餅乾模具。

● 步驟 13：彩色糖球可在烘焙材料行購得。

亞麻籽楓糖餅乾

最佳賞味期
5 天

分量
10gX15 個

器具
打蛋器
長刮刀
鋼盆
三明治袋
擀麵棍
刀子
直尺

食材
低筋麵粉……65g
亞麻籽………30g
糖粉…………10g
奶油…………45g
楓糖漿………10g
白巧克力……25g

烤箱設定
170 度
12 ～ 15 分鐘

1 奶油放置室溫軟化至可用手指按壓得下去的程度。

2 以隔水加熱方式融化白巧克力（可參考P.12），記得保持微溫狀態。

3 鋼盆內加入軟化的奶油、糖粉、楓糖漿、融化的白巧克力，用打蛋器攪拌均勻即可，不要打太久。

4 加入過篩的低筋麵粉、亞麻籽，用長刮刀拌勻至看不見粉粒。

5 將麵糰裝進塑膠袋中，在袋中用力捏揉集中成糰。

6 先用手將袋中的麵糰壓展開來，讓麵糰順著袋子形狀成為方形。

7 反折袋口後，再用擀麵棍將其均勻壓平為約0.5公分厚的麵糰。若覺得擀麵棍擀起來不夠平整，可利用平烤盤或砧板壓平麵糰。

8 將麵糰放進冰箱冷藏60分鐘。

9 將包裝的塑膠袋剪開，取出麵糰，以刀子先修邊切除不規則邊緣，讓麵糰成為方整的形狀。

10 將麵糰切成各4公分×4公分的方形置於烤盤。

11 放入已預熱的烤箱中，以170度烤12～15分鐘。

呂老師 Note

⚙ 步驟3：巧克力若冷卻會凝固，所以攪拌必須快速完成。

⚙ 步驟7：隔著袋子擀壓麵糰，會因為空氣而不易壓平，可先用牙籤在塑膠袋的角落邊緣刺1、2個小小的洞，即可順利進行。

咖啡
核桃餅乾

最佳賞味期
3 天

分量
10gX8 個

器具
打蛋器
長刮刀
鋼盆
三明治袋
擀麵棍

食材
奶油⋯⋯⋯⋯70g
二砂糖⋯⋯⋯30g
即溶咖啡粉⋯3g
低筋麵粉⋯⋯90g
核桃⋯⋯⋯⋯25g
牛奶
巧克力⋯⋯⋯20g

烤箱設定
180 度
18 ～ 20 分鐘

1 奶油放置室溫軟化至可用手指按壓得下去的程度。

2 以隔水加熱方式融化牛奶巧克力（可參考 P.12），記得保持微溫狀態。

3 鋼盆中加入軟化的奶油、二砂糖、咖啡粉、融化的牛奶巧克力，用打蛋器攪拌均勻即可，不要打太久。

4 加入過篩的低筋麵粉、核桃，用長刮刀拌勻至看不見粉粒。

5 將麵糰裝進塑膠袋中，在袋中用力捏揉集中成糰。

6 先用手將袋中的麵糰壓展開來，讓麵糰順著袋子形狀成為方形。

7 反折袋口後，再用擀麵棍將其均勻壓平為約 0.8 公分厚的麵糰。若覺得擀麵棍擀起來不夠平整，可利用平烤盤或砧板壓平麵糰。

8 將麵糰放進冰箱冷藏 60 分鐘。

9 將包裝的塑膠袋剪開，取出麵糰，用心形模壓出餅乾造形置於烤盤。

10 放入已預熱的烤箱中，以 180 度烤 18 ～ 20 分鐘。

呂老師 Note

● 步驟 3：巧克力若冷卻會凝固，所以攪拌需快速完成。

● 步驟 7：隔著袋子擀壓麵糰，會因為空氣而不易壓平，可先用牙籤在塑膠袋的角落邊緣刺 1、2 個小小的洞，即可順利進行。

● 步驟 9：模具內先塗少許油，會比較好脫模。壓模時注意間距不要靠太近，否則容易碎裂。

PART 2

手感餅乾

Feel biscuits

完完全全用手來塑形，包括滾圓、揉長條狀、輕輕壓扁、拿叉子做造形等，
甚至是簡單到握拳就能塑造出餅乾的手感形狀。本章嚴選最基礎的世界傳
統家鄉餅乾配方，可以輕鬆感受手工餅乾的成就感與樂趣。

義大利
奶酥小餅乾

最佳賞味期
5 天

分量
10g X 16 個

器具
打蛋器
長刮刀
鋼盆

食材
奶油⋯⋯⋯⋯40g
砂糖⋯⋯⋯⋯45g
鮮奶⋯⋯⋯⋯5g
低筋麵粉⋯⋯65g
奶粉⋯⋯⋯⋯20g

裝飾
蛋白⋯⋯⋯適量

烤箱設定
160 度
15 分鐘

1 奶油放置室溫軟化至可用手指按壓得下去的程度。

2 將奶油用打蛋器打軟。

3 加入砂糖後用打蛋器攪拌，只要混合均勻即可，不要攪拌太久。

4 加入鮮奶後用打蛋器均勻混合至看不到鮮奶。

5 加入過篩的低筋麵粉、奶粉，用長刮刀拌勻至看不見粉粒。

6 將麵糰取出在桌面搓揉成糰後，取出約 10 公克的小麵糰，先以握拳方式壓緊，再用掌心輕輕滾圓成形。

7 小拇指彎曲，以指節將餅乾壓凹。

8 在麵糰表面刷上少許蛋白，使其能在烘烤過程中上色及使材料融和。

9 放入已預熱的烤箱中，以 160 度烤 15 分鐘。

呂老師 Note

❀ 這是一款鄉村餅乾，是義大利的媽媽們都會做的點心，可說是最基礎的義大利傳統餅乾，媽媽們會以原味餅乾為基礎，又再搭配喜歡的食材，配料除了堅果之外，也可使用油漬番茄、巧克力等。

❀ 步驟 7：壓凹後邊緣稍裂是正常狀況。

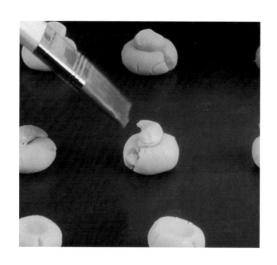

 義大利奶酥腰果小餅乾

食材與步驟 1 ～ 9 同義大利奶酥小餅乾，只是在步驟 7 時，刷上蛋白後再將一顆腰果放上奶酥餅乾麵糰凹槽處。

 義大利奶酥
夏威夷豆小餅乾

步驟 1 ～ 9 同義大利奶酥小餅乾，只是在步驟 7 時，刷上蛋白後再將一顆夏威夷豆放上奶酥餅乾麵糰凹槽處。

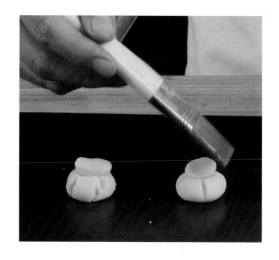

椰香
金字塔

最佳賞味期
5 天

分量
15g X 14 個

器具
長刮刀
鋼盆

食材
蛋白 ⋯⋯⋯⋯ 40g
砂糖 ⋯⋯⋯⋯ 100g
椰子粉 ⋯⋯⋯ 75g

裝飾
苦甜
巧克力 ⋯⋯ 適量

烤箱設定
170 度
25 ～ 30 分鐘

吸收完成

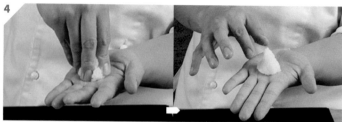

1 蛋白、糖一起加入小鋼盆，以長刮刀攪拌均勻即可，不要打太久。

2 加入椰子粉用長刮刀拌勻。

3 放冰箱冷藏 2 小時，讓椰子粉充分吸收蛋白糖漿。

4 冷藏完成的麵糰取出約 15 公克的小麵糰置於掌心，用手指的前端壓捏麵糰的上方，要多次用圍繞轉動的方式捏塑，慢慢捏出金字塔形狀，最後頂端記得捏尖。

5 擺放上烤盤，放入已預熱的烤箱中，以 170 度烤 25 ～ 30 分鐘。

6 出爐後放涼時，以隔水加熱方式融化苦甜巧克力。

7 用已放涼的餅乾底部沾取巧克力醬，擺放在乾淨的紙張上，靜置冷卻即完成。

呂老師 Note

◎ 步驟 4：將麵糰做成上薄尖底厚實的金字塔形狀，能讓餅乾烤好後有上酥脆、中扎實、底鬆軟的層次口感。

◎ 步驟 7：使用融化的巧克力請維持微溫狀態，才不會太黏稠而沾附過多。

椰子球

分量 | **烤箱設定**
10g X 20 個 | 170 度
　 | 20 分鐘
食材 |
同椰香金字塔 |

食材與步驟 1 ～ 3 同椰香金字塔。

4　冷藏完成的麵糰取出約 10 公克的小麵糰，在掌心滾圓後，擺放上烤盤。

5　放入已預熱的烤箱中，以 170 度烤 20 分鐘。

牛奶巧克力椰子球

食材與步驟 1 ～ 5 同椰子球。

6　椰子球餅乾出爐放涼，隔水加熱牛奶巧克力，將融化好的巧克力裝入擠花袋或三明治袋，在放涼的餅乾上快速擠畫巧克力線條即完成。

軟式蔓越莓
曲奇餅

最佳賞味期
5天

分量
20g X 12 個

器具
打蛋器
長刮刀
鋼盆
叉子

食材
奶油…………50g
砂糖…………40g
雞蛋…………10g
低筋麵粉……80g
奶粉…………5g
蔓越莓乾……50g

烤箱設定
170 度
20 ～ 22 分鐘

1　奶油放置室溫軟化至可用手指按壓得下去的程度。

2　將奶油用打蛋器打軟。

3　加入砂糖後用打蛋器攪拌，只要混合均勻即可不要攪拌太久。

4　加入雞蛋後用打蛋器均勻混合至看不到蛋液。

5　加入過篩的低筋麵粉、奶粉，用長刮刀拌勻至看不見粉粒。

6　蔓越莓乾對半切成小塊再加入麵糰中，混合均勻。

7　將麵糰個別取約 20 公克的小麵糰，以掌心滾圓後置於烤盤。

8　拿叉子輕壓圓麵糰，壓出造形紋路，須注意保持厚度。

9　放入已預熱的烤箱中，以 170 度烤 20 ～ 22 分鐘。

呂老師 Note

⚙ 步驟 8：有厚度的餅乾會有鬆軟口感，請在出爐後靜置 1 天讓餅乾回軟後，就會出現鬆軟好吃的口感，若出爐當天食用則口感比較脆。

⚙ 步驟 9：先烤 20 分鐘後確認顏色是否已烘烤上色，再決定是否需再多烤 2 分鐘。

軟式巧克力
曲奇餅

最佳賞味期
5 天

分量
20g X 12 個

器具
打蛋器
長刮刀
鋼盆
叉子

食材
奶油 ⋯⋯⋯⋯50g
二砂糖 ⋯⋯⋯50g
動物性
鮮奶油 ⋯⋯⋯10g
低筋麵粉 ⋯⋯75g
可可粉 ⋯⋯⋯10g
耐高溫
巧克力豆 ⋯⋯50g

烤箱設定
170 度
20 〜 22 分鐘

1 奶油放置室溫軟化至可用手指按壓得下去的程度。

2 將奶油用打蛋器打軟。

3 加入二砂糖後用打蛋器攪拌，只要混合均勻即可不要攪拌太久。

4 加入鮮奶油後用打蛋器均勻混合至看不到液體。

5 加入過篩的低筋麵粉、可可粉，用長刮刀拌勻至看不見粉粒。

6 加入巧克力豆後用長刮刀將麵糰混合均勻。

7 將麵糰放在桌面搓揉成糰後，個別取出約20公克的小麵糰，用掌心滾圓後置於烤盤。

8 拿叉子輕壓圓麵糰，壓出造形紋路的同時注意保持厚度。

9 放入已預熱的烤箱中，以170度烤20～22分鐘。

呂老師Note

⚙ 步驟8：有厚度的餅乾會有鬆軟口感，出爐後靜置1天讓餅乾回軟後食用，鬆軟好吃的口感就會出現，若出爐當天食用則口感比較脆。

⚙ 步驟9：先烤20分鐘後確認顏色是否已烘烤上色再決定是否需再多烤2分鐘。

黑糖奶油
酥餅

最佳賞味期
5 天

分量
15g X 9 個

器具
打蛋器
長刮刀
鋼盆

食材
奶油 ………… 45g
黑糖 ………… 20g
低筋麵粉 …… 65g
奶粉 ………… 5g

裝飾
黑糖 ………… 適量

烤箱設定
160 度
20 ～ 25 分鐘

1 奶油放置室溫軟化至可用手指按壓得下去的
　程度。

2 將奶油用打蛋器打軟。

3 加入黑糖後用打蛋器攪拌，只要混合均勻即
　可，不要攪拌太久。

4 加入過篩的低筋麵粉、奶粉用長刮刀拌勻至
　看不見粉粒。

5 將麵糰放在桌面搓揉成糰後，取出約 15 公
　克的小麵糰，用掌心輕輕滾圓成形。

6 碗中裝適量黑糖，將滾圓的麵糰放入碗中滾
　圈，每一面都沾裹上黑糖後置於烤盤上，再
　以拇指、食指、中指的指腹，聚攏按壓麵糰
　上方捏出造形。

7 放入已預熱的烤箱中，以 160 度烤 20 ～ 25
　分鐘。

呂老師 Note

◆ 黑糖奶油酥餅正是台灣傳統古早味餅乾，口
　感有點類似核桃酥，但不像核桃酥需要加很
　多糖，口味簡樸又香甜可口。

◆ 步驟 3：黑糖如果顆粒較粗記得要先過篩後
　再使用。

◆ 步驟 6：用手指按壓成形，讓麵糰成為有薄
　有厚的手捏形狀，能讓烤製完成的
　餅乾同時擁有酥脆及酥鬆兩種口感
　風味。

美式藍莓玉米脆片餅乾

最佳賞味期
5 天

分量
20g X 16 個

器具
打蛋器
長刮刀
鋼盆
叉子

食材
奶油 ········· 65g
二砂糖 ······· 55g
雞蛋 ········· 25g
低筋麵粉 ·· 100g
藍莓乾 ······· 50g
無糖
玉米脆片 ···· 35g

烤箱設定
170 度
20 ～ 25 分鐘

1　奶油放置室溫軟化至可用手指按壓得下去的程度。

2　將奶油用打蛋器打軟。

3　加入二砂糖後用打蛋器攪拌，只要混合均勻即可，不要攪拌太久。

4　加入雞蛋後用打蛋器均勻混合至看不到液體，顏色略變淡的狀態。

5　加入過篩的低筋麵粉用長刮刀拌勻至看不見粉粒。

6　加入藍莓乾、玉米片後，用長刮刀將麵糰混合均勻。

7　將麵糰放在桌面搓揉成糰後，再個別取出約20公克的小麵糰，用掌心滾圓後置於烤盤。

8　進烤爐前輕壓一下，需注意保持厚度約1公分左右。

9　放入已預熱的烤箱中，以170度烤20～25分鐘。

呂老師Note

● 配方中的藍莓乾可用蔓越莓乾替代，不過藍莓乾有著酸度大於甜度的特性，因此是這款美式餅乾的首選食材，若以蔓越莓乾取代會讓餅乾口味偏甜。

● 步驟9：先烤20分鐘後確認顏色是否已烘烤上色再決定是否需再多烤2分鐘。

帕瑪森
南瓜籽酥餅

最佳賞味期
3 天

分量
20g X 10 個

器具
打蛋器
長刮刀
鋼盆

食材
奶油 ……… 50g
砂糖 ……… 25g
低筋麵粉 … 75g
起士粉 ……… 5g
南瓜籽 …… 40g

裝飾
帕瑪森
起士粉 …… 適量

烤箱設定
160 度
15 分鐘

1 奶油放置室溫軟化至可用手指按壓得下去的程度。

2 將奶油用打蛋器打軟。

3 加入砂糖後用打蛋器攪拌，只要混合均勻即可，不要攪拌太久。

4 加入過篩的低筋麵粉、起士粉，用長刮刀拌勻至看不見粉粒。

5 加入南瓜籽，用長刮刀將麵糰混合均勻。

6 將麵糰放在桌面搓揉成糰後，取出約 20 公克的小麵糰，用掌心輕輕滾圓成形置於烤盤後，按壓成厚度約 0.5 公分的薄形，形狀可以不必刻意一致，才會更有手工餅乾的趣味感。

7 用叉子舀取起士粉，以晃動方式輕輕灑放在餅乾麵糰上。

8 放入已預熱的烤箱中，以 160 度烤 15 分鐘。

呂老師 Note

⚙ **步驟 6**：在按壓麵糰時，注意不要把邊緣壓太薄，否則容易烤焦。

⚙ **步驟 7**：使用叉子而非湯匙是小祕訣所在，能讓灑粉均勻而不會集中過量。

海鹽
巧克力餅乾

最佳賞味期
5 天

分量

20g X 13 個

器具

打蛋器
長刮刀
鋼盆

食材

奶油 …………… 50g
砂糖 …………… 65g
雞蛋 …………… 10g
低筋麵粉 ……… 65g
可可粉 ………… 10g
切碎的苦甜
巧克力 ………… 60g

裝飾

海鹽 ……… 適量

烤箱設定

160 度
20 分鐘

1　奶油放置室溫軟化至可用手指按壓得下去的程度。

2　將奶油用打蛋器打軟。

3　加入砂糖後用打蛋器攪拌，只要混合均勻即可不要攪拌太久。

4　加入雞蛋後用打蛋器均勻混合至看不到液體，顏色略變淡的狀態。

5　加入過篩的低筋麵粉、可可粉，用長刮刀拌勻至看不見粉粒。

6　加入切碎的巧克力，用長刮刀將麵糰混合均勻。

7　將麵糰放在桌面搓揉成糰後，個別取出約20公克的小麵糰，用掌心輕輕滾圓成形置於烤盤。

8　以手指捻取足量海鹽，輕輕灑放在餅乾麵糰上。

9　放入已預熱的烤箱中，以160度烤20分鐘。

呂老師 Note

⚙ 步驟 6：使用切碎的巧克力是為了增加巧克力濃郁風味，因此不可用高溫巧克力豆代替。

⚙ 步驟 7：因為巧克力在烘烤時會融化，希望能將其保留在餅乾中，讓餅乾有濕潤度，所以要滾得特別圓不要壓扁。

⚙ 步驟 8：選用顆粒較粗的海鹽，並且不要灑太少，才能完美搭配巧克力風味。

荷蘭高達
黑胡椒餅乾

最佳賞味期
3 天

分量

20g X 10 個

器具

打蛋器
長刮刀
鋼盆

食材

奶油…………60g
糖粉…………30g
蛋黃…………10g
低筋麵粉…100g
黑胡椒………1g
荷蘭高達
乳酪切丁…20g

裝飾

黑胡椒粒…適量
荷蘭高達
乳酪切丁…適量

烤箱設定

160 度
20 ～ 22 分鐘

1 奶油放置室溫軟化至可用手指按壓得下去的程度。

2 將奶油用打蛋器打軟。

3 加入糖粉，用打蛋器攪拌，只要混合均勻即可，不要攪拌太久。

4 加入蛋黃，用打蛋器均勻混合至看不到液體，顏色略變淡的狀態。

5 加入過篩的低筋麵粉、黑胡椒，用長刮刀拌勻至看不見粉粒。

6 加入切成約 1 公分方塊的高達乳酪，用長刮刀輕拌勻成糰。

7 將麵糰放在桌面搓揉成糰後，取出約 20 公克的小麵糰，用掌心輕輕滾圓成形置於烤盤。

8 高達乳酪切約 1 公分方塊置放在餅乾麵糰上後，乳酪上再灑黑胡椒提味，若希望口味鹹一點可再多加灑海鹽。

9 放入已預熱的烤箱中，以 160 度烤 20 ～ 22 分鐘。

呂老師 Note

● 荷蘭的高達乳酪以全脂鮮奶製作，奶香濃郁並與鹹味平衡搭配，是荷蘭出口比例最高的起士品項，常運用在焗烤類料理，是最能代表荷蘭的乳酪。

● 步驟 3：為了增加鹹味餅乾的化口性，因此配方選用了糖粉，讓餅乾可以較酥，如果使用砂糖則會讓餅乾比較脆，若家中沒有糖粉改用砂糖替代也沒關係。

松露
橄欖油酥餅

最佳賞味期
3 天

分量
10g X 25 個

器具
打蛋器
長刮刀
鋼盆

食材
松露
橄欖油 ……… 60g
砂糖 ………… 60g
雞蛋 ………… 15g
杏仁粉 ……… 30g
低筋麵粉 … 100g
洋香菜粉 …… 1g

烤箱設定
160 度
20 分鐘

1 將松露橄欖油、砂糖、雞蛋倒入小鋼盆用打蛋器攪拌，只要混合均勻即可不要攪拌太久。

2 加入過篩的低筋麵粉、杏仁粉、洋香菜粉，用長刮刀拌勻至看不見粉粒。

3 將麵糰放在桌面搓揉成糰後，個別取出約 10 公克的小麵糰，以雙手手指前端對捏，壓成不規則多邊形置於烤盤。

4 放入已預熱的烤箱中，以 160 度烤 20 分鐘。

呂老師 Note

⚫ 在部分米其林餐廳中，餅乾會被當成「開胃菜」，通常是使用松露橄欖油為餅乾提味，做成可一口吃的迷你 SIZE，供餐前食用。若買不到松露橄欖油，這款配方也可用一般橄欖油代替。

⚫ 洋香菜也可以羅勒葉替代。

⚫ 步驟 3：這種麵糰本身凝聚力不高，因此捏壓時如果散開，需先握拳輕壓緊後再輕捏形狀。

松露亞當乳酪酥餅

食材與步驟 1 ～ 3 同松露橄欖油酥餅

4 在捏好的麵糰底部填壓進一個約 1 公分方形的亞當乳酪。

5 放入已預熱的烤箱中，以 160 度烤 20 分鐘。

呂老師 Note

⚫ 亞當乳酪在烘烤後會略帶苦味，與松露橄欖油十分搭配，風味非常適合當作前菜。使用一般乳酪替代也可以，只是風味會不同。

核桃巧克力餅乾

最佳賞味期
3 天

分量
20g X 15 個

器具
打蛋器
長刮刀
鋼盆

食材
苦甜
巧克力 ……… 50g
奶油 ……… 60g
砂糖 ……… 60g
雞蛋 ……… 25g
低筋麵粉 ……… 65g
碎核桃 ……… 40g

裝飾
核桃 ……… 適量

烤箱設定
170 度
20 分鐘

1 奶油放置室溫軟化至可用手指按壓得下去的程度。

2 以隔水加熱方式融化苦甜巧克力，記得保持微溫狀態。

3 小鋼盆中加入軟化奶油、融化的巧克力醬、砂糖、雞蛋，用打蛋器迅速攪拌，使其混合成均勻的膏狀。

4 加入過篩的低筋麵粉，用長刮刀拌勻至看不見粉粒。

5 加入碎核桃攪拌均勻。

6 將麵糰放進冰箱冷藏 30 分鐘。

7 將麵糰放在桌面搓揉成糰，桌上及麵糰上先略灑高筋麵粉，使其不沾黏後，取出約 20 公克的小麵糰，用掌心輕輕滾圓成形置於烤盤。

8 在滾圓完成的小麵糰頂端輕壓上核桃裝飾。

9 放入已預熱的烤箱中，以 170 度烤 20 分鐘。

呂老師 Note

🔹 步驟 6：這種麵糰較為鬆軟，需先冷藏以利後續製作。

🔹 步驟 7：冷藏後取出麵糰可先按壓看看，若發現太硬、壓不下去表示冰過頭，就需要放在室溫等退冰到可按壓的程度。若覺得太黏則表示還需要多冷藏一些時間。

美國媽媽的
布朗尼餅乾

最佳賞味期
3 天

分量
25g X 15 個

器具
打蛋器
長刮刀
鋼盆

食材
低筋麵粉……75g
碎核桃………60g
耐高溫
巧克力豆……45g
奶油…………60g
苦甜
巧克力……100g
楓糖漿………10g
雞蛋…………50g

裝飾
耐高溫
巧克力豆…適量

烤箱設定
170 度
20 分鐘

1　奶油放置室溫軟化至可用手指按壓得下去的程度。

2　以隔水加熱方式融化苦甜巧克力，記得保持微溫狀態。

3　小鋼盆中加入軟化奶油、融化的巧克力醬、楓糖漿、雞蛋，用打蛋器迅速攪拌，使其完全混合成均勻的膏狀。

4　加入過篩的低筋麵粉、耐高溫巧克力豆、碎核桃，用長刮刀拌勻至完全混合。

5　將麵糰放進冰箱冷藏 30 分鐘。

6　將麵糰放在桌面搓揉成糰，桌上及麵糰上先略灑高筋麵粉，使其不沾黏後，取出約 25 公克的小麵糰，用掌心輕輕滾圓成形。

7　滾圓完成的小麵糰，以單面沾附耐高溫巧克力豆，將有巧克力豆的一面朝上，置放在烤盤。

8　放入已預熱的烤箱中，以 170 度烤 20 分鐘。

呂老師Note

● 布朗尼餅乾是真正正確的布朗尼配方，布朗尼蛋糕則其實是布朗尼餅乾的配方比例不對而製作「失敗」產生的蛋糕點心。

● **步驟 3**：楓糖漿可以蜂蜜替代，不過楓糖漿的香氣比較不會影響巧克力風味。

● **步驟 4**：這款配方最特別的就是不需要先把低筋麵粉攪勻，而是一定要連配料都同時一起加入拌勻，以避免麵粉攪拌過度變太硬。

● **步驟 5**：完成的麵糰較為鬆軟，需先冷藏以利後續製作。

抹茶
小雪球

最佳賞味期
7 天

分量

10g X 20 個

器具

打蛋器
長刮刀
鋼盆

食材

杏仁粉⋯⋯⋯30g
低筋麵粉⋯⋯70g
抹茶粉⋯⋯⋯3g
二砂糖⋯⋯⋯30g
奶油⋯⋯⋯⋯60g
白巧克力⋯⋯20g

裝飾

糖粉⋯⋯⋯⋯適量

烤箱設定

160 度
15 分鐘

1 奶油放置室溫軟化至可用手指按壓得下去的
程度。

2 以隔水加熱方式融化白巧克力，記得保持微
溫狀態。

3 小鋼盆中加入軟化奶油、融化的巧克力醬、
二砂糖、抹茶粉，用打蛋器迅速使其混合在
一起成均勻的膏狀即可，不要打太久。

4 加入過篩的低筋麵粉、杏仁粉、用長刮刀拌
勻至看不見粉粒。

5 將麵糰放進冰箱冷藏 30 分鐘。

6 將麵糰放在桌面搓揉成糰，桌上及麵糰上略
灑高筋麵粉，使其不沾黏後，取出約 10 公
克的小麵糰，用掌心滾圓後置於烤盤。

7 放入已預熱的烤箱中，以 160 度烤 15 分鐘。

8 出爐後趁熱利用篩網在餅乾上灑放大量糖
粉，放涼即完成。

呂老師 Note

⚙ 步驟 3：巧克力若冷卻會凝固，所以攪拌需
快速完成。

⚙ 步驟 5：麵糰因含有巧克力的油脂所以較軟，
冷藏使其稍凝固能利於後續捏塑形
狀。

⚙ 步驟 8：在灑放糖粉過程中會發現糖粉漸漸
被餅乾融化吸收，所以一定要多次
來回灑上糖粉直到看得出明顯的厚
度。也要記得必須在剛出爐時趁熱
灑放，不然糖粉無法沾附餅乾。

⚙ 步驟 8：灑完糖粉後，要等餅乾完全冷卻才
可以移動，這樣糖粉才能好好阻絕
水氣讓餅乾保持濕潤性。

香草
可頌餅乾

最佳賞味期
7 天

分量
15g X 13 個

器具
打蛋器
長刮刀
鋼盆
篩網

食材
奶油 ⋯⋯⋯⋯ 65g
香草莢 ⋯⋯ 1/4 條
砂糖 ⋯⋯⋯⋯ 30g
蛋黃 ⋯⋯⋯⋯ 10g
低筋麵粉 ⋯ 65g
杏仁粉 ⋯⋯ 30g

裝飾
糖粉 ⋯⋯⋯ 適量

烤箱設定
170 度
15 分鐘

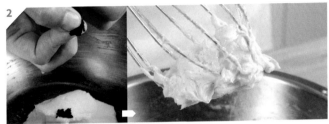

1　奶油放置室溫軟化至可用手指按壓得下去的程度。

2　將香草莢撥開，以大拇指將裡頭的香草籽推撥下來加入奶油中，用打蛋器打軟混和。

3　加入砂糖，用打蛋器攪拌，只要混合均勻即可，不要攪拌太久。

4　加入蛋黃，用打蛋器拌勻至看不見液體。

5　加入過篩的低筋麵粉、杏仁粉，用長刮刀拌勻至看不見粉粒。

6　將麵糰放進冰箱冷藏 30 分鐘。

7　將麵糰放在桌面搓揉成糰，過程中桌上及麵糰上略灑高筋麵粉，使其不沾黏後，取出約 15 公克的小麵糰。

呂老師Note

❀ 這是奧地利在聖誕節必備的餅乾點心，很適合當聖誕小禮物送人。

❀ 步驟 2：香草籽要先加入是因為要讓奶油包覆香草的香味，也需要用奶油先將香草籽推開來，不然容易會結粒無法拌均勻。所以記得香草不要留到最後才加。

❀ 步驟 6：將麵糰冷藏能讓奶油略凝固，以利後續捏塑形狀。

❀ 步驟 7：冷藏後取出麵糰可先按壓看看，若發現太硬、壓不下去表示冰過頭，就需要放在室溫等退冰到可按壓的程度。若覺得太黏則表示還需要多冷藏一些時間。

8

10

8 將小麵糰在桌上輕滾壓成長條形,再將左右
  兩端滾壓得較尖,長度調整為約 10 公分後,
  將兩端往內彎,整理成彎月的形狀。

9 放入已預熱的烤箱中,以 170 度烤 15 分鐘。

10 出爐後趁餅乾還熱時,利用篩網在餅乾上灑
   放大量糖粉,放涼即完成。

呂老師 Note ────────

◉ 步驟 8:類似可頌的半月形,是國外製作餅
        乾的討喜造形,麵糰滾壓塑形時桌
        上可灑些許高筋麵粉避免沾黏。

◉ 步驟 10:在灑放糖粉過程中會發現糖粉漸漸
         被餅乾融化吸收,所以一定要多次
         來回灑上糖粉直到看得出明顯的厚
         度。也要記得必須在剛出爐時趁熱
         灑放,不然糖粉無法沾附餅乾。

本書所有餅乾都整理出簡易的製作程序，很適合帶著小朋友一起動手做，親子共享所有出爐的甜蜜幸福。

PART 3

特殊餅乾

Special biscuits

是使用較特別食材的餅乾，譬如利用最中餅殼所製作的爽脆風味、使用米粉製作出獨特鬆軟餅乾、利用麵糊特性製作出蕾絲般的薄片……等等，雖然是手工餅乾的綜合應用，不過不用擔心，只要跟著步驟及呂老師 Note 親手做餅乾很輕易就能成功。

鹽味蜂蜜
腰果仁最中

最佳賞味期
不進烤箱 **5** 天／進烤箱 **7** 天

鹽味蜂蜜腰果仁最中

紅茶楓糖杏仁最中

黑糖芝麻最中

焦糖夏威夷豆最中

分量
10g X 7 個

器具
單柄鍋
耐熱刮刀
小湯匙

食材
奶油⋯⋯⋯⋯20g
二砂糖⋯⋯⋯25g
蜂蜜⋯⋯⋯⋯20g
海鹽⋯⋯⋯⋯⋯1g
腰果⋯⋯⋯⋯40g
船型糯米餅殼

烤箱設定
120 度
15 分鐘

1 將腰果敲碎備用。

2 奶油、二砂糖、蜂蜜一起加入單柄鍋中加熱。

3 煮滾至約 118 ～ 120 度，即略起泡的狀態、顏色呈現金黃色後熄火。

4 加入剛才敲碎的腰果攪拌均勻後，加入鹽巴。

5 用湯匙挖取適量已拌勻調味的碎腰果，填放進船型糯米餅殼。

6 擺放上烤盤，放入已預熱的烤箱中，以 120 度烤 15 分鐘。

呂老師 Note

- 如最後不想再進烤箱烘烤就選用熟腰果，最後要再進烤箱則使用生腰果，避免產生油耗味。烘烤時要注意溫度，若溫度過高，糖會沸騰而外溢流出，讓最中餅殼烤得太乾硬。

- 步驟 1：因為餅殼較小所以需先將腰果敲碎以便裝填，但記得勿碎成粉末，要保留顆粒才有口感。

- 步驟 5：填料要盡量均勻推開鋪平後再略凸出一些，但小心堆太高或過量會在烤箱烘烤過程中融化流下烤盤。

- 步驟 6：建議填裝好的最中餅先放涼之後再進烤箱，會因水分散去而烤出更脆的口感。

- 步驟 6：如果喜歡口感更酥脆，可以多烤 3 ～ 5 分鐘；或也可省略進烤箱的步驟直接食用，只是烤過可以讓保存期限增加為 2 星期並且口感更酥脆。

最中餅

最中（もなか）的餅殼材料是糯米，製作過程包括碾粉、蒸糯、運用模型細火烘烤等繁複手續，成品有著酥脆口感。在日本最常以 2 個餅殼夾封紅豆餡直接食用。但其實也可以在烘焙材料行買到現成的最中餅殼製作出酥脆型餅乾。

將奶油＋糖煮到 118 度的狀態形成的熱糖漿，加入適當堅果類食材拌勻，拌好之後均勻鋪平進最中餅殼內，再利用低溫烘烤使其更加酥脆，有再烤過的最中餅若適當密封保存，保存期限可長達 2 星期，因此極適合做來當成年節伴手禮。

紅茶楓糖杏仁最中

最佳賞味期

不進烤箱 **5** 天
／進烤箱 **7** 天

分量

8g X 10 個

器具

單柄鍋
耐熱刮刀
小湯匙

食材

奶油 ………… 20g
二砂糖 ……… 25g
楓糖 ………… 20g
紅茶粉 ………… 1g
杏仁片 ……… 40g
船型糯米餅殼

烤箱設定

120 度
15 分鐘

1　奶油、二砂糖、楓糖一起加入單柄鍋中加熱煮滾至約 118 ～ 120 度，即略起泡的狀態、顏色呈現金黃色後熄火。

2　加入杏仁片攪拌均勻後，加入紅茶粉再拌勻。

3　用湯匙挖取適量已拌勻調味的杏仁片，填放進船型糯米餅殼。

4　擺放上烤盤，放入已預熱的烤箱中，以 120 度烤 15 分鐘。

呂老師 Note

- 如最後不想再進烤箱烘烤就選用熟杏仁片，最後要再進烤箱則使用生杏仁片避免產生油耗味。烘烤時要注意溫度，若溫度過高糖會沸騰而外溢流出，容易讓最中餅殼烤得太乾硬。
- 選用楓糖是為了與紅茶口味搭配，若使用蜂蜜會搶過紅茶的風味。
- 紅茶粉容易在高溫中失去風味因此建議在拌勻的最後步驟才加入。
- 紅茶粉可取用紅茶茶葉磨成粉，或使用市售茶包內的茶葉末，不過茶包內的茶葉末有時會顆粒太粗，可視情況再磨細。

- 紅茶粉也可以烏龍茶粉、包種茶粉、東方美人茶粉等其他茶粉替代，但不可做成抹茶口味，會因其葉綠素被破壞造成褐變而失敗。
- 步驟 3：填料要盡量均勻推開鋪平並再略凸出一些，但小心堆太高或過量會在烤箱烘烤過程中融化流下烤盤。
- 步驟 4：建議填裝好的最中餅先放涼之後再進烤箱，會因水分散去而烤出更脆的口感。
- 步驟 4：希望口感更酥脆可以多烤 3～5 分鐘；或也可省略進烤箱的步驟直接食用，只是烤過可以讓保存期限增加為 2 星期並且口感更酥脆。

黑糖芝麻最中

最佳賞味期

不進烤箱 **5** 天
／進烤箱 **7** 天

分量

8g X 12 個

器具

單柄鍋
耐熱刮刀
小湯匙

食材

奶油 …………20g
黑糖 …………25g
蜂蜜 …………10g
煉乳 …………10g
黑芝麻 ………30g
白芝麻 ………10g
船型糯米餅殼

烤箱設定

120 度
15 分鐘

1　奶油、黑糖、蜂蜜、煉乳一起加入單柄鍋中加熱煮滾至約 118 ～ 120 度，即略起泡的狀態、顏色呈現金黃色後熄火。

2　加入黑芝麻及白芝麻攪拌均勻。

3　用湯匙挖取適量已拌勻調味的芝麻，填放進船型糯米餅殼。

4　擺放上烤盤，放入已預熱的烤箱中，以 120 度烤 15 分鐘。

呂老師 Note

💠 務必使用生芝麻，因為使用熟芝麻再加熱容易產生油耗味。

💠 由於芝麻是味道重的食材，因此要以香氣較濃郁的黑糖及蜂蜜調配，才會讓味道有層次感，若僅用砂糖會讓味道太單調。

💠 搭配煉乳是為了讓黑糖風味變得圓潤。

💠 若偏好特殊風味，還可在步驟 2 時添加些許亞麻籽。

💠 步驟 3：填料要盡量均勻推開，由於芝麻的油脂含量較高因此裝填時不要堆略高，而要完全鋪平，以免烘烤過程中融化流下烤盤。

💠 步驟 4：建議填裝好的最中餅先放涼之後再進烤箱，會因水分散去而烤出更脆的口感。

💠 步驟 4：希望口感更酥脆可以多烤 3～5 分鐘；或也可省略進烤箱的步驟直接食用，只是烤過可以讓保存期限增加為 2 星期並且口感更酥脆。

4

 ## 焦糖夏威夷豆最中

最佳賞味期

不進烤箱 **5** 天
／進烤箱 **7** 天

分量

10g X 7 個

器具

單柄鍋
耐熱刮刀
小湯匙

食材

奶油…………20g
砂糖…………25g
蜂蜜…………20g
夏威夷豆……40g
船型糯米餅殼

烤箱設定

120 度
15 分鐘

1　將夏威夷豆切碎備用。

2　奶油、砂糖、蜂蜜一起加入單柄鍋中加熱煮滾至約 118 ～ 120 度，即略起泡的狀態、顏色呈現金黃色後熄火。

3　加入切碎的夏威夷豆攪拌均勻。

4　用湯匙挖取適量已拌勻調味的夏威夷豆，填放進船型糯米餅殼。

5　擺放上烤盤，放入已預熱的烤箱中，以 120 度烤 15 分鐘。

呂老師 Note

◆ 如最後不想再進烤箱烘烤就選用熟夏威夷豆，最後要再進烤箱則使用生夏威夷豆避免產生油耗味。

◆ 若買不到夏威夷豆可用花生替代。若以花生替代夏威夷豆，則也需以二砂糖替代砂糖，才會夠香。

◆ 步驟 1：因為餅殼較小所以須先將夏威夷豆切碎以便裝填，但記得勿切碎成粉末，還是要保留顆粒才有口感。

◆ 步驟 2：為了凸顯蜂蜜口味請注意不要炒到糖漿變色成為焦糖，但想吃焦糖口味就直接炒成深色焦糖也沒關係。

◆ 步驟 3：填料要盡量均勻推開，由於夏威夷豆的油脂含量較高因此需要盡量鋪平，若因顆粒狀而略凸出沒有關係，但小心堆太高或過量會在烤箱烘烤過程中融化流下烤盤。

◆ 步驟 4：建議填裝好的最中餅先放涼之後再進烤箱，會因水分散去而烤出更脆的口感。

◆ 步驟 4：希望口感更酥脆可以多烤 3～5 分鐘；或也可省略進烤箱的步驟直接食用，只是烤過可以讓保存期限增加為 2 星期並且口感更酥脆。

香草指型
米餅乾

最佳賞味期
7 天

分量
10g X 15 個

器具
鋼盆
打蛋器
長刮刀

食材
米粉⋯⋯⋯⋯55g
糖粉⋯⋯⋯⋯20g
低筋麵粉⋯⋯35g
奶油⋯⋯⋯⋯50g
香草莢⋯⋯¼ 條

烤箱設定
150 度
20 ～ 25 分鐘

米餅乾

用米磨成的「米粉」取代麵粉所製作的米餅乾，近十年來成為日本點心市場的趨勢及主流，主要是為了降低麩質不耐的症狀，也是為了提高米的使用率，臺灣近幾年也開始推廣米製點心。除了降低麩質過敏，米製點心還有很多優點，包括因為米粉是經過水解之後的澱粉，所以比小麥粉做的餅乾更容易消化吸收；米的熱量比小麥低一點點，因此米餅乾的熱量也比小麥做的餅乾要低。本書在製作米餅乾時不會特別加入液體材料，因為食材中仍會包含少許麵粉，如果加入水分攪拌會有筋性產生麩質。**不加水分才能強調出米餅乾的獨特鬆軟感。**

日本的米餅乾通常使用「上新米粉」，我們在家製作時，米粉則選用蓬萊米粉或在來米粉都可以，但要注意不可以使用低筋麵粉替代。

1 奶油放置室溫軟化至可用手指按壓得下去的程度。

2 軟化奶油加入糖粉，使用打蛋器攪拌混和。必須再攪拌久一點，打至糖有點溶解，使得奶油顏色變淡的稍發狀態。

3 撥分開香草莢後，再用手指將香草籽推擠下來使用。

4 加入香草籽後用打蛋器攪拌均勻。

5 加入過篩的低筋麵粉、過篩的米粉，用長刮刀拌勻至成糰，必要時可用手捏緊集中材料。

6 取出 10 公克小麵糰，橫放於指掌間用力握拳壓緊塑形。

7 擺放上烤盤，放入已預熱的烤箱中，以 150 度烤 20～25 分鐘。

呂老師 Note

⚙ **步驟 5**：若覺得不好拌勻，可用雙手幫忙集中麵糰，但千萬不可加入任何水分。

⚙ **步驟 6**：若捏後表面有些許裂痕表示捏不夠緊，要請再次以非常用力的方式握拳壓緊至完全成糰的狀態。

全素

巧克力
米餅乾

最佳賞味期
7 天

分量
10g X 20 個

器具
鋼盆
打蛋器
長刮刀

食材
米粉⋯⋯⋯⋯55g
糖粉⋯⋯⋯⋯20g
低筋麵粉⋯⋯25g
可可粉⋯⋯⋯10g
奶油⋯⋯⋯⋯50g
巧克力豆⋯⋯30g

裝飾
苦甜
巧克力⋯⋯⋯適量

烤箱設定
150 度
20 ～ 25 分鐘

2

5

6

8

9

1　奶油放置室溫軟化至可用手指按壓得下去的程度。

2　軟化奶油加入糖粉，使用打蛋器攪拌混和。必須再攪拌久一點，打至糖有點溶解，使得奶油顏色變淡的稍發狀態。

3　加入過篩的低筋麵粉、過篩的米粉、可可粉，用長刮刀拌勻至成糰，必要時可用手捏緊集中材料。

4　加入巧克力豆後用長刮刀均勻拌進麵糰中。

5　取出 10 公克小麵糰，置於指掌間用力握拳壓緊塑型。

6　擺放上烤盤，放入已預熱的烤箱中，以 150 度烤 20 ～ 25 分鐘。

7　出爐後靜置放涼的時間，以隔水加熱方式融化苦甜巧克力（可參考 P.12）。

8　將餅乾較無棱角的一面朝下沾取融好的巧克力醬，沾取後可以輕甩方式去除多餘巧克力。

9　靜置至沾附的巧克力醬冷硬即完成。

呂老師 Note

🖌 巧克力口味的餅乾特別受歡迎，也因此成為米餅乾最常製作的口味。只要完善保有巧克力風味，即使是用米粉作為材料也會很好吃。

🖌 步驟 3：若覺得不好拌勻，可用雙手幫忙集中麵糰，但千萬不可加入任何水分。

🖌 步驟 5：若捏後表面有些許裂痕表示捏不夠緊，要請再次以非常用力的方式握拳壓緊至完全成糰的狀態。

咖啡小老鼠
米餅乾

最佳賞味期
7 天

分量
10g X 15 個

器具
鋼盆
打蛋器
長刮刀

食材
米粉…………55g
糖粉…………20g
低筋麵粉……35g
即溶咖啡粉……2g
奶油…………50g

裝飾
牛奶
巧克力……適量
杏仁片……適量

烤箱設定
150 度
20 ～ 25 分鐘

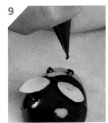

1 奶油放置室溫軟化至用手指按壓得下去的程度。

2 將軟化的奶油與咖啡粉、糖粉一起用打蛋器攪拌混和。必須攪拌久一點，打至糖有點溶解，並且奶油顏色變淡的稍發狀態。

3 加入過篩的低筋麵粉、過篩的米粉，用長刮刀拌勻至成糰，必要時可用手捏緊集中材料。

4 取出 10 公克小麵糰，先滾圓後再以 45 度角搓尖其中一端，讓麵糰成為水滴狀。

5 擺放上烤盤，放入已預熱的烤箱中，以 150 度烤 20 ～ 25 分鐘。

6 出爐後靜置放涼的時間，以隔水加熱方式融化牛奶巧克力（可參考 P.12）。

7 手持尖端，以圓端下方 2/3 部分沾取融好的巧克力醬。注意底部盡量不要沾取巧克力不然會過甜。

8 挑選完整的杏仁片 2 片，分別貼在巧克力醬上成為老鼠的耳朵。

9 利用三明治袋裝填巧克力醬，前端剪小口，在餅乾上擠畫出老鼠的眼睛及表情。

10 靜置至沾附的巧克力醬冷硬即完成。

呂老師 Note ———

❀ 「老鼠愛大米」而發想出的可愛小老鼠造形米餅乾。

❀ **步驟 2**：咖啡粉只溶於水，而奶油有些許水分，因此一開始就先跟奶油混合。

❀ **步驟 3**：若覺得不好拌勻，可用雙手幫忙集中麵糰，但千萬不可加入任何水分。

❀ **步驟 4**：米餅乾麵糰配方沒有加入水分，所以在滾圓時容易碎開，因此在滾圓前需要先輕握壓將麵糰集中。

紅茶白巧克力
米餅乾

最佳賞味期
7 天

分量
10g X 15 個

器具
鋼盆
打蛋器
長刮刀

食材
米粉⋯⋯⋯⋯55g
糖粉⋯⋯⋯⋯20g
低筋麵粉⋯⋯35g
紅茶粉⋯⋯⋯2g
奶油⋯⋯⋯⋯50g

裝飾
白巧克力⋯適量
肉桂粉⋯⋯適量

烤箱設定
150 度
20 ～ 25 分鐘

1 奶油放置室溫軟化至可用手指按壓得下去的程度。

2 將軟化的奶油與紅茶粉、糖粉，一起用打蛋器攪拌混和。必須攪拌久一點，打至糖有點溶解，使得奶油顏色變淡的稍發狀態。

3 加入過篩的低筋麵粉、過篩的米粉，用長刮刀拌勻至成糰，必要時可用手捏緊集中材料。

4 取出 10 公克小麵糰，將麵糰滾圓，邊滾圓時邊以搖晃方式輕壓，讓麵糰略扁，完成的邊緣會有些許裂痕是正常狀態。

5 擺放上烤盤，放入已預熱的烤箱中，以 150度烤 20 ～ 25 分鐘。

6 出爐後靜置放涼的時間，以隔水加熱方式融化白巧克力。（可參考 P.12）

7 將平底的部分朝下沾取融好的巧克力醬。

8 灑上少許肉桂粉，靜置至沾附的巧克力醬冷硬即完成。

呂老師 Note

⚙ 若希望餅乾呈現明顯咖啡色，建議要將紅茶先磨得非常細再使用，這樣餅乾成品甚至能比加入咖啡粉完成的米餅乾顏色更深。

⚙ 步驟 2：茶粉只溶於水，而奶油有些許水分，因此一開始就不跟奶油混合。

⚙ 步驟 3：若覺得不好拌勻，可用雙手幫忙集中，但千萬不可加入任何水分。

⚙ 步驟 4：米餅乾麵糰因為配方沒有加入水分，所以在滾圓時容易碎開，因此在滾圓前需要先輕握壓將麵糰集中。

⚙ 步驟 8：若不喜歡肉桂粉風味也可不灑。

腰果藍莓
蛋白餅

最佳賞味期
3 天

分量
1 份約 3 顆腰果
X 20 個

器具
鋼盆
打蛋器
湯匙

食材
腰果 100g
藍莓乾 20g
低筋麵粉 10g
蛋白 20g
糖粉 70g
檸檬皮 適量

烤箱設定
170 度
20 ～ 25 分鐘

1 將糖粉分三次加入蛋白，以打蛋器攪拌均勻
至看不到糖粉粒。

2 加入過篩的低筋麵粉以打蛋器攪拌均勻至有
濃稠感。

3 加入生腰果、藍莓乾、檸檬皮後用湯匙拌均
勻。

4 舀出約包含 3 顆腰果的一湯匙，擺放上鋪有
不沾布的烤盤，要疊高成立體而不要攤平，
每個的擺放間距要稍大。

5 放入已預熱的烤箱中，以 170 度烤 20 ～ 25
分鐘。

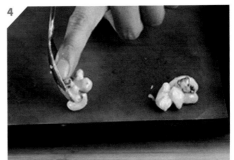

呂老師Note

⚙ **步驟 4**：若發現高度不明顯，可以重新將其
中的腰果擺放至最頂端。

⚙ **步驟 5**：因為蛋白餅乾比較脆弱所以出爐後
請先放置完全涼了，再各別移動。

夏威夷豆
可可蛋白餅

最佳賞味期
3 天

分量
1 份約 4～5 顆
夏威夷豆 X 15 個

器具
鋼盆
打蛋器
湯匙

食材
夏威夷豆⋯⋯120g
可可粉⋯⋯⋯5g
低筋麵粉⋯⋯5g
蛋白⋯⋯⋯⋯20g
糖粉⋯⋯⋯⋯70g

烤箱設定
170 度
20～25 分鐘

1 將糖粉分三次加入蛋白，以打蛋器攪拌均勻至看不到糖粉粒。

2 加入過篩的低筋麵粉、可可粉以打蛋器攪拌均勻至有濃稠感。

3 將生的夏威夷豆全加入後用湯匙拌均勻。

4 舀出約包含 4 ～ 5 顆夏威夷豆的一湯匙，擺放上鋪有不沾布的烤盤，要疊高成立體而不要攤平，每個的擺放間距要稍大。

5 放入已預熱的烤箱中，以 170 度烤 20 ～ 25 分鐘。

Note

⚙ 步驟 4：若發現高度不明顯，可以重新將其中的夏威夷豆擺放至最頂端。

⚙ 步驟 5：因為蛋白餅乾比較脆弱所以出爐後請先放置完全涼了，再各別移動。

抹茶南瓜籽瓦片

最佳賞味期
5 天

分量
10g X 12 個

器具
鋼盆
打蛋器
長柄刮刀
湯匙
叉子

食材
低筋麵粉 …… 15g
二砂糖 ……… 30g
蛋白 ………… 30g
抹茶粉 ……… 2g
南瓜籽 ……… 70g
黑芝麻 ……… 5g

烤箱設定
160 度
15 ～ 20 分鐘

1　蛋白、二砂糖、抹茶粉、過篩的低筋麵粉一
　　起加入，以打蛋器迅速攪拌均勻，記得不要
　　打太久起太多泡泡。

2　加入南瓜籽及黑芝麻，以長刮刀拌均勻後，
　　於常溫下靜置 1 小時，使抹茶與蛋白的風味
　　滲入南瓜籽。

3　靜置完成的麵糊用沾過水的湯匙挖取一匙
　　(約 10 公克)。

4　用叉子將湯匙上的麵糊推撥至鋪有不沾布的
　　烤盤上，叉子再略沾水後，將南瓜籽輕輕壓
　　開攤平，並盡量整理成圓形。

5　放入已預熱的烤箱中，以 160 度烤 15 ～ 20
　　分鐘。

呂老師 Note

❀　為了強調酥脆度，因此這份配方不加油。

❀　步驟 1：為了讓南瓜籽的抹茶風味強烈因此
　　　　　　使用 2g 抹茶粉，若個人不喜歡太重
　　　　　　的抹茶味可減至 1g。

❀　步驟 2：若時間充裕也可放在冰箱冷藏至隔
　　　　　　夜，會風味更佳。

杏仁瓦片

最佳賞味期
5 天

分量
10g X 12 個

器具
鋼盆
打蛋器
長刮刀
湯匙
叉子

食材
低筋麵粉 ····15g
砂糖············40g
蛋白············30g
奶油············15g
杏仁片 ······50g

烤箱設定
160 度
15 〜 20 分鐘

1 奶油用微波爐加熱或隔水加熱至融化。

2 蛋白、砂糖、過篩的低筋麵粉，以打蛋器迅速攪拌均勻，記得不要打太久到起太多泡泡。

3 加入融化好的奶油，用打蛋器攪拌均勻。

4 加入杏仁片，用長刮刀拌勻後，於常溫下靜置 1 小時。

5 靜置完成的麵糊用沾過水的湯匙挖取一匙（約 10 公克）。

6 用叉子將湯匙上的麵糊推撥至鋪有不沾布的烤盤上，叉子再略沾水後，將杏仁片輕壓開攤平，並盡量整理成圓型。

7 放入已預熱的烤箱中，以 160 度烤 15 ～ 20 分鐘。

呂老師 Note

⚙ 步驟 4：若時間充裕也可放在冰箱冷藏至隔夜，會風味更佳。

蕾絲柳橙
杏仁薄片

最佳賞味期
2 天

分量
6g X 14 個

器具
鋼盆
打蛋器
長刮刀
湯匙
塑膠凹槽盤

食材
砂糖…………50g
柳橙汁………25g
低筋麵粉……25g
奶油…………25g
杏仁果………25g

烤箱設定
190 度
6 分鐘

1　奶油用微波爐加熱或隔水加熱至融化。

2　將生杏仁果敲成碎粒備用。

3　砂糖 、柳橙汁、過篩的低筋麵粉、融化的奶油，一起用打蛋器攪拌均勻。

4　加入杏仁碎粒以長刮刀拌勻後，放進冰箱冷藏 30 分鐘。

5　靜置完成的麵糊用沾過水的湯匙挖取一匙（約 10 公克）。

6　用另一隻湯匙沾水後，將湯匙上的麵糊推撥至鋪有不沾布的烤盤上，湯匙再略沾水後，將杏仁碎粒輕輕壓開攤平，並盡量整理成圓型。

7　放入已預熱的烤箱中，以 190 度烤 6 分鐘。

8　出爐時餅乾趁熱放上塑膠凹槽盤，上方壓擀麵棍靜置 3 分鐘，讓餅乾能固定成微彎的形狀。

檸檬
椰子薄片

最佳賞味期
5 天

分量

5g X 38 個

器具

鋼盆
打蛋器
長刮刀
湯匙
塑膠凹槽盤

食材

椰子粉 ⋯⋯⋯ 65g
二砂糖 ⋯⋯⋯ 65g
雞蛋 ⋯⋯⋯ 50g
奶油 ⋯⋯⋯ 10g
檸檬皮 ⋯⋯ 適量

烤箱設定

160 度
10 ～ 12 分鐘

1　奶油用微波爐加熱或隔水加熱至融化。

2　雞蛋、二砂糖、檸檬皮、融化的奶油一起用
　　打蛋器攪拌，攪均勻即可，不要打太久。

3　加入椰子粉用長刮刀攪拌均勻後，在常溫下
　　靜置 1 小時。

4　靜置完成的麵糊用沾過水的湯匙挖取一匙
　　（約 10 公克）。

5　用叉子將湯匙上的麵糊推撥至鋪有不沾布的
　　烤盤上，叉子再略沾水後，將麵糊輕輕壓開
　　攤平至約 0.1 公分厚。

6　放入已預熱的烤箱中，以 160 度烤 10 ～ 12
　　分鐘。

7　出爐時餅乾趁熱放上塑膠凹槽盤，上方壓擀
　　麵棍靜置 3 分鐘，讓餅乾能固定成微彎的形
　　狀。

呂老師 Note

🔹 步驟 1：檸檬皮約使用半顆的分量即足夠，
　　　　　若想要檸檬味重一點使用到 1 顆的
　　　　　分量也可以。

🔹 步驟 3：常溫下靜置是指天氣比較涼爽的情
　　　　　況下，一旦室溫超過 25 度則請放冰
　　　　　箱冷藏半小時。

鹽味起士
小圓餅

最佳賞味期
5 天

分量
3 ～ 4g X 35 個

器具
鋼盆
打蛋器
長刮刀

食材
奶油 30g
糖粉 30g
蛋白 30g
低筋麵粉 ... 30g

裝飾
起士粉 ..... 適量

烤箱設定
190 度
8 分鐘

1 奶油用微波爐加熱或隔水加熱至融化。

2 融化好的奶油、蛋白、過篩的低筋麵粉、糖粉，一起以打蛋器攪拌均勻至完全不結粒的狀態。

3 將麵糊放進冰箱冷藏 15 ～ 20 分鐘。

4 冷藏後放入三明治袋，前端剪開口擠掉多餘空氣。

5 在烤盤上擠放上約 3g 的圓型，灑放起司粉於餅乾上方。

6 放入已預熱的烤箱中，以 190 度烤 8 分鐘。

呂老師 Note

◆ 步驟 3：若一次製作較多分量則冷藏 30 分鐘。

洋香菜
小圓餅

最佳賞味期
5 天

分量
4 ～ 5g X 36 個

器具
鋼盆
打蛋器
長刮刀

食材
奶油⋯⋯⋯⋯30g
糖粉⋯⋯⋯⋯30g
蛋白⋯⋯⋯⋯30g
低筋麵粉⋯⋯30g
洋香菜粉⋯⋯1g

裝飾
海鹽⋯⋯⋯⋯適量

烤箱設定
200 度
6 ～ 8 分鐘

1 奶油用微波爐加熱或隔水加熱至融化。

2 融化好的奶油、蛋白、過篩的低筋麵粉、糖
   粉、洋香菜粉，一起以打蛋器攪拌均勻至完
   全不結粒的狀態。

3 將麵糊放進冰箱冷藏 15 ～ 20 分鐘。

4 冷藏後放入三明治袋，剪前端開口擠掉多餘
   空氣。

5 在烤盤上擠放寬 1 公分長 4 公分約 4g 的長
   條型，灑放海鹽於餅乾上方。

6 放入已預熱的烤箱中，以 200 度烤 6 ～ 8 分
   鐘。

呂老師 Note

⚙ 使用洋香菜粉或是使用海苔或羅勒葉粉均
  可。

⚙ 步驟 3：若一次製作較多分量則冷藏 30 分鐘。

可麗露
焦糖酥餅

最佳賞味期
5 天

分量
30g X 8 個

器具
鋼盆
打蛋器
長刮刀
軟質 15 入
可麗露矽膠模
小平底鍋

食材
奶油‥‥‥‥90g
糖粉‥‥‥‥35g
咖啡粉‥‥‥2g
低筋麵粉‥‥80g
杏仁粉‥‥‥10g

裝飾
焦糖醬
砂糖‥‥‥‥20g
動物性
鮮奶油‥‥20g

烤箱設定
160 度
30 分鐘

1　奶油放置室溫軟化至可用手指按壓得下去的程度。

2　軟化奶油、糖粉、咖啡粉用打蛋器攪拌均勻，必須再攪拌久一點，打至奶油顏色變淡的稍發狀態。

3　加入過篩的低筋麵粉、杏仁粉，用長刮刀拌均勻至柔軟狀態。

4　裝填進三明治袋(或擠花袋)中，三明治袋前端剪開口將多餘空氣擠壓掉。

5　將麵糊料擠放進可麗露模具中，每個各八分滿，再將模具輕敲桌面使其中的麵糊料平整。

6　放入已預熱的烤箱中，以 160 度烤 30 分鐘。

7　出爐等待降溫後，倒扣模具取出餅乾，再於餅乾上方凹槽面擠上焦糖醬。

焦糖醬製作

1　鍋子加熱後加入砂糖，小火用耐熱刮刀拌炒到融化變褐色。

2　加入鮮奶油攪拌均勻後關火即可。

可麗露
抹茶酥餅

最佳賞味期
5 天

分量
30g X 8 個

器具
鋼盆
打蛋器
長刮刀
軟質 15 入
可麗露矽膠模
小平底鍋

食材
奶油 …………90g
糖粉 …………35g
抹茶粉 …………2g
低筋麵粉 …80g
杏仁粉 ………10g

裝飾
抹茶巧克力醬
白巧克力 …50g
抹茶粉 …………1g

烤箱設定
160 度
30 分鐘

1 奶油放置室溫軟化至可用手指按壓得下去的
　程度。

2 軟化奶油、糖粉、抹茶粉用打蛋器攪拌均
　匀，必須再攪拌久一點，打至奶油顏色變淡
　的稍發狀態。

3 加入過篩的低筋麵粉、杏仁粉，用長刮刀拌
　均匀至柔軟狀態。

4 裝填進三明治袋(或擠花袋)中，三明治袋
　前端剪開口將多餘空氣擠壓掉。

5 將麵糊料擠放進可麗露模具中，每個各八分
　滿，再將模具輕敲桌面使其中的麵糊料平
　整。

6 放入已預熱的烤箱中，以160度烤30分鐘。

7 出爐等待降溫後，倒扣模具取出餅乾，再於
　餅乾上方凹槽面擠上抹茶巧克力醬。

抹茶巧克力醬製作

1 以隔水加熱方式融化白巧克力(可參
　考 P.12)。

2 加入抹茶粉攪拌均匀並持續保持微溫
　狀態即可。

咖啡豆
餅乾

最佳賞味期
5天

分量
1 ～ 3g
X 50 ～ 80 顆

器具
鋼盆
打蛋器
長刮刀
牙籤

食材
奶油…………20g
咖啡粉………1g
糖粉…………30g
鮮奶…………10g
低筋麵粉……50g
可可粉………5g

烤箱設定
160 度
10 ～ 12 分鐘

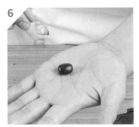

1　奶油放置室溫軟化至可用手指按壓得下去的程度。

2　奶油先用打蛋器打軟。

3　加入過篩的咖啡粉及糖粉，一起用打蛋器攪拌均勻至無明顯粉粒。

4　鮮奶分兩次加入以打蛋器攪拌均勻即可，注意不要打太久。

5　加入過篩的低筋麵粉及可可粉，用長刮刀拌均勻。拌完成的麵糰會有種結實感。

6　將完成的麵糰置於桌上，取出 1 ～ 3 公克間的小麵糰。將小麵糰在掌心滾圓，滾圓後的麵糰會有油亮感，若沒有則表示牛奶量加得不足，可以再多補進一點點的鮮奶。

7　將滾圓的小麵糰用手指輕輕壓滾前後端，使其成為橢圓的豆子形狀，再用牙籤在麵糰表面輕壓出一痕，如咖啡豆裂開的樣子。

8　擺放上烤盤，放入已預熱的烤箱中，以 160 度烤 10 ～ 12 分鐘。

呂老師 Note

⚙ **步驟 2：**咖啡粉只溶於水，而奶油有些許水分，因此一開始就先跟奶油混合

⚙ **步驟 3：**使用鮮奶而非雞蛋是因為蛋的水分含量不夠，不足以將咖啡粉的香氣釋放出來。

⚙ **步驟 4：**因為是比較硬的小餅乾，所以拌勻過程中也會感到麵糰比較硬。麵糰的硬度會因所使用的麵粉及可可粉的吸水力不同而有差異，因此拌勻過程中，如果真的覺得過硬，可視情況再多加入一、兩滴鮮奶，但小心不要過量。

⚙ **步驟 5：**建議可分出大小不一的各個小麵糰，才會更像自然的咖啡豆。

⚙ **步驟 6：**牙籤選用較細的會讓成品更像咖啡豆。

彩色糖球
巧克力餅乾

最佳賞味期
3 天

分量

15g X 16 個

器具

鋼盆
打蛋器
長刮刀
湯匙

食材

奶油…………75g
砂糖…………30g
雞蛋…………25g
低筋麵粉…65g
可可粉………5g
杏仁片………15
無糖
玉米脆片…25g

裝飾

苦甜
巧克力……適量
市售
彩色糖球…適量

烤箱設定

180 度
20 ～ 25 分鐘

1　奶油放置室溫軟化至可用手指按壓得下去的程度。

2　奶油先用打蛋器打軟。

3　加入砂糖粉用打蛋器略為攪拌均勻。

4　雞蛋分三次加入，以打蛋器攪拌均勻，並盡量保持糖的顆粒。

5　加入過篩的低筋麵粉、可可粉用長刮刀拌勻。

6　加入杏仁片、無糖玉米脆片以長刮刀拌勻，完成的麵糰會略黏手，須放冰箱冷藏30分鐘。

7　冷藏完成後以湯匙挖取約15公克的麵糰，擺放上烤盤，放入已預熱的烤箱中，以180度烤20～25分鐘。

8　出爐後靜置放涼的時間，以隔水加熱方式融化苦甜巧克力。

9　以平底的部分沾取薄薄一層巧克力醬。

10　依自己喜好選用彩色糖球擺放在巧克力醬上做裝飾。彩色糖球可在烘焙材料行購得。

PART 4

小點心

一般餅乾禮盒中除了餅乾也會有糖果巧克力等小甜點，因此在自組手工餅乾禮盒時，除了選出最佳賞味期相同的可口手工餅乾之外，也很適合再加選最佳賞味期相同的小點心，包括炒焦糖堅果、韓國巧克力磚、巧克力岩石塊等等，讓親手做的手工餅乾禮盒更加豐富，而且這些美味又美觀的小點心非常容易製作成功喔！

焦糖
杏仁片

最佳賞味期
5 天

器具
單柄深鍋
木匙
篩網
鋼盆
叉子

食材
砂糖·········100g
水············120g
蜂蜜·········10g
杏仁片······150g

烤箱設定
160 度
10 ～ 15 分鐘

1 砂糖、水、蜂蜜一起加入單柄深鍋中，邊加熱邊以木匙攪拌至煮滾。

2 沸騰後加入生的杏仁片，以木匙攪拌至再次煮滾後立刻熄火。

3 將整鍋焦糖杏仁片倒進篩網，篩去多餘糖水後，放入烤盤中，用叉子撥開、均勻鋪平。

4 放入已預熱的烤箱中，以 160 度烤 10 分～15 鐘，烤至有色澤。

※ 應用變化：可可岩石塊（P.116）
　　　　　　蔓越莓巧克力岩石塊（P.118）

呂老師Note

❀ 篩除的多餘糖水即為天然的香料糖漿，放冰箱冷藏，保存期限約 7 日，可用於塗抹蛋糕表面增添杏仁香氣。

❀ 步驟 3：因為已先用糖煮過，只要冷卻就會有脆度，因此烤的時候不需要全部烤成均一化的焦糖色澤，而是烤成有焦糖色、金黃色、咖啡色等不同顏色交雜，形成不同口感。

焦糖
杏仁條

最佳賞味期
5 天

器具
單柄深鍋
木匙
篩網
叉子

食材
二砂糖 …… 100g
水 …… 120g
蜂蜜 …… 10g
杏仁條 …… 150g

烤箱設定
150 度
15 ～ 20 分鐘

1 二砂糖、水、蜂蜜一起加入單柄深鍋中邊加熱邊攪拌至煮滾。

2 沸騰後加入熟杏仁條，攪拌至再次煮滾後讓它多滾 10 秒再熄火，讓杏仁條能夠入味。

3 將整鍋焦糖杏仁條倒進篩網，篩去多餘糖水後，放入烤盤中，用叉子撥開、均勻鋪平，注意必須鋪得很平才行。

4 放入已預熱的烤箱中，以 150 度烤 15 ～ 20 分鐘，烤至每個杏仁條都有焦糖色澤。

※ 應用變化：抹茶芝麻巧克力杏仁條（P.120）
　　　　　　　葵花籽白巧克力杏仁條（P.121）

呂老師Note

◎ 篩除的多餘糖水即為天然的香料糖漿，放冰箱冷藏，保存期限約 7 日，可用於塗抹蛋糕表面增添杏仁香氣。

◎ 步驟 2：可買市售現成熟杏仁條，若要自行烘烤可參考 P.13。

可可
岩石塊

最佳賞味期
5 天

分量
13 ～ 15g
× 10 ～ 12 個

器具
鋼盆
塑膠袋
湯匙
叉子

食材
苦甜
巧克力　　適量
耐高溫
巧克力豆　20g
焦糖
杏仁片 ⋯⋯ 80g

1 將焦糖杏仁片放進塑膠袋中，用手抓碎後再裝進鋼盆。

2 加入耐高溫巧克力豆。

3 以隔水加熱方式融化苦甜巧克力後，舀 4 匙融化的巧克力醬（總重量約 35 ～ 45 克）加入鋼盆。

4 用湯匙及叉子攪拌至每個杏仁片都均勻沾裹到巧克力。

5 用湯匙挖取一匙，以叉子撥放置於不沾布上，撥放時盡量堆疊成立體而非鋪平放置。

6 靜置至巧克力冷卻凝固即完成。

呂老師 Note

⚙ 步驟 1：焦糖杏仁片做法可參考 P.112。

⚙ 步驟 3：隔水加熱融化巧克力做法可參考 P.12。

⚙ 步驟 4：攪拌過程中如果覺得太乾可再斟酌加入少許融化的巧克力。若因攪拌時間比較久而讓巧克力硬化，可以隔水加熱方式再次融化。

蔓越莓巧克力岩石塊

最佳賞味期

5天

分量

13 ～ 15g
X 10 ～ 12 個

器具

鋼盆
塑膠袋
湯匙
叉子

食材

牛奶
巧克力 ⋯⋯ 適量
蔓越莓乾 ⋯⋯20g
焦糖
杏仁片 ⋯⋯⋯80g

1　將焦糖杏仁片放進塑膠袋中,用手抓碎後再裝進鋼盆。

2　加入蔓越莓乾。

3　以隔水加熱方式融化牛奶巧克力後,舀 4 匙融化的巧克力(總重量約 35 ～ 45 克)加入鋼盆。

4　用湯匙及叉子攪拌至每個杏仁片都均勻沾裹到巧克力。

5　用湯匙挖取一匙,以叉子撥放置於不沾布上,撥放時盡量堆疊成立體而非鋪平放置。

6　靜置至巧克力冷卻凝固即完成。

呂老師Note

⚙ 步驟 1:焦糖杏仁片做法請參考 P.112。

⚙ 步驟 3:隔水加熱融化巧克力做法可參考 P.12。

⚙ 步驟 4:攪拌過程中如果覺得太乾可再斟酌加入少許融化的巧克力。若因攪拌時間比較久而讓巧克力硬化可以隔水加熱方式再次融化。

抹茶芝麻
巧克力杏仁條

最佳賞味期
5天

分量

12 ～ 15g
X 10 ～ 12 個

器具

鋼盆
塑膠袋
湯匙
叉子

食材

抹茶
巧克力……適量
黑芝麻……20g
焦糖
杏仁條……80g

1 將焦糖杏仁條放進塑膠袋，用手抓散成一條一條的之後再倒進鋼盆。

2 加入熟黑芝麻。

3 以隔水加熱方式融化抹茶巧克力後，舀 3 匙融化的巧克力醬（總重量約 30 ～ 40 克）加入鋼盆。

4 用湯匙及叉子攪拌至杏仁條有沾裹到巧克力，但保有仍看得見焦糖色澤的狀態。

5 用湯匙挖取一匙，以叉子撥放置於不沾布上，撥放時盡量堆疊成立體而非鋪平放置。

6 靜置至巧克力冷卻凝固即完成。

呂老師 Note ————

⚙ 步驟 1：焦糖杏仁條做法請參考 P.114。

⚙ 步驟 2：可買市售現成熟芝麻，若要自行烘烤可參考 P.13。

⚙ 步驟 3：隔水加熱融化巧克力做法可參考 P.12。

⚙ 步驟 4：攪拌過程中如果覺得太乾可再斟酌加入少許融化的巧克力醬。若因攪拌時間比較久而讓巧克力硬化可以隔水加熱方式再次融化。

⚙ 步驟 5：叉子在每次撥放前都先沾水清潔，才會容易擺放得比較好看。

葵花籽白巧克力杏仁條

最佳賞味期

5 天

分量

12 ～ 15g
X 10 ～ 12 個

器具

單柄深鍋
木匙
篩網
湯匙
叉子

食材

白巧克力⋯⋯適量
葵花籽⋯⋯⋯20g
焦糖
杏仁條⋯⋯⋯80g

1　將焦糖杏仁條放進塑膠袋，用手抓散成一條一條的之後再裝進鋼盆。

2　加入葵花籽。

3　以隔水加熱方式融化白巧克力後，舀 3 匙融化的巧克力醬（總重量約 30 ～ 40 克）加入鋼盆。

4　用湯匙及叉子攪拌至杏仁條有沾裹到巧克力，但保有仍看得見焦糖色澤的狀態。

5　用湯匙挖取一匙，以叉子撥放置於不沾布上，撥放時盡量堆疊成立體而非鋪平放置。

6　靜置至巧克力冷卻凝固即完成。

呂老師 Note

⚙ 步驟 1：焦糖杏仁條做法請參考 P.114。

⚙ 步驟 2：可買市售現成熟葵花籽，若要自行烘烤可參考 P.13。

⚙ 步驟 3：隔水加熱融化巧克力做法可參考 P.12。

⚙ 步驟 4：攪拌過程中如果覺得太乾可再斟酌加入少許融化的巧克力醬。若因攪拌時間比較久而讓巧克力硬化可以隔水加熱方式再次融化。

⚙ 步驟 5：叉子在每次撥放前都先沾水清潔，才會容易擺放得比較好看。

森林莓果
白巧克力磚

最佳賞味期
7 天

器具

方形慕斯模
保鮮膜

食材

白巧克力⋯150g
藍莓乾⋯適量
蔓越莓乾⋯適量
葡萄乾⋯適量
無花果乾⋯適量

裝飾

彩色糖球⋯適量

1 將方形慕斯模底部與側邊包上保鮮膜，底部要綁緊。

2 以隔水加熱方式融化巧克力，記得保持微溫狀態。

3 將融化的巧克力倒進方形慕斯模，倒入約厚度 0.8 公分後，拿起模具往四個側邊各輕輕晃動，讓巧克力攤平。

4 隨意擺放上適量的果乾，最後在表面灑上彩色糖球裝飾。

5 輕敲模具讓整體更加平整，放進冰箱冷藏 30 分鐘。

6 從冰箱取出後脫模即完成。

呂老師 Note

⚙ 水果巧克力磚是韓國的新時尚甜點，在各式巧克力上隨興排列果乾營造出美感，也因為由酸甜果乾與甜蜜巧克力所搭配而十分可口。

⚙ 步驟 2：隔水加熱融化巧克力做法可參考 P.12。

⚙ 步驟 3：巧克力磚如果太厚會不好吃所以盡量倒入成 0.8 公分厚度比較恰當。

⚙ 步驟 5：巧克力冷卻後會硬化，所以擺放食材過程要盡快完成，不然會無法在最後敲平巧克力磚

⚙ 步驟 6：完成的巧克力磚可用保鮮膜包起來疊放，保存在常溫中。

繽紛水果白巧克力磚

最佳賞味期

7 天

器具

方形慕斯模
保鮮膜

食材

白巧克力	150g
番茄乾	適量
杏桃乾	適量
芭樂乾	適量
鳳梨乾	適量

1 將方形慕斯模底部與側邊包上保鮮膜，底部要綁緊。

2 以隔水加熱方式融化巧克力，記得保持微溫狀態。

3 將融化的巧克力倒進方形慕斯模，倒入約厚度 0.8 公分後，拿起模具往四個側邊各輕輕晃動，讓巧克力攤平。

4 隨意擺放上適量的果乾，記得要擺得有立體感。

5 輕敲模具讓整體更加平整，放進冰箱冷藏30 分鐘。

6 從冰箱取出後脫模即完成。

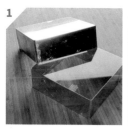 

呂老師Note

- 步驟 2：隔水加熱融化巧克力做法可參考 P.12。
- 步驟 3：巧克力磚如果太厚會不好吃所以盡量倒入成 0.8 公分厚度比較恰當。
- 步驟 5：巧克力冷卻後會硬化，所以擺放食材過程要盡快完成，不然會無法在最後敲平巧克力磚
- 步驟 6：完成的巧克力磚可用保鮮膜包起來疊放，保存在常溫中。

核桃苦甜巧克力磚

最佳賞味期

5 天

器具
方形慕斯模
保鮮膜

食材
苦甜
巧克力……150g
核桃……適量
耐高溫
巧克力豆…適量

1 將方形慕斯模底部與側邊包上保鮮膜，底部要綁緊。

2 以隔水加熱方式融化巧克力，記得保持微溫狀態。

3 將融化的巧克力倒進方形慕斯模，倒入約厚度 0.8 公分後，拿起模具往四個側邊各輕輕晃動，讓巧克力攤平。

4 隨意擺放上適量的核桃及巧克力豆。

5 輕敲模具讓整體更加平整，放進冰箱冷藏30 分鐘。

6 從冰箱取出後脫模即完成。

呂老師Note

⚙ 步驟 2：隔水加熱融化巧克力做法可參考 P.12。

⚙ 步驟 3：巧克力磚如果太厚會不好吃所以盡量倒入成 0.8 公分厚度比較恰當。

⚙ 步驟 4：可買市售現成熟核桃，若要自行烘烤可參考 P.13。

⚙ 步驟 5：巧克力冷卻後會硬化，所以擺放食材過程要盡快完成，不然會無法在最後敲平巧克力磚

⚙ 步驟 6：完成的巧克力磚可用保鮮膜包起來疊放，保存在常溫中。

堅果牛奶巧克力磚

最佳賞味期

5 天

器具

方形慕斯模
保鮮膜

食材

牛奶
巧克力 ⋯⋯⋯150g
杏仁果 ⋯⋯ 適量
夏威夷豆 ⋯⋯ 適量

裝飾

海鹽⋯⋯⋯⋯ 適量

呂老師Note ─────────

⚙ 步驟 2：隔水加熱融化巧克力的做法可參考 P.12。

⚙ 步驟 3：巧克力磚如果太厚會不容易入口，所以盡量倒入成 0.8 公分厚度比較恰當。

⚙ 步驟 4：可買市售現成熟杏仁果及熟夏威夷豆，若要自行烘烤可參考 P.13。

⚙ 步驟 5：巧克力冷卻後會硬化，所以擺放食材過程要盡快完成，不然會無法在最後敲平巧克力磚

⚙ 步驟 6：完成的巧克力磚可用保鮮膜包起來疊放，保存在常溫中。

1 將方形慕斯模底部與側邊包上保鮮膜，底部要繃緊。

2 以隔水加熱方式融化巧克力，記得保持微溫狀態。

3 將融化的巧克力倒進方形慕斯模，倒入約厚度 0.8 公分後，拿起模具往四個側邊各輕輕晃動，讓巧克力攤平。

4 隨意擺放上適量的熟杏仁果及熟夏威夷豆，最後在表面灑上海鹽調節口味。

5 輕敲模具讓整體更加平整，放進冰箱冷藏 30 分鐘。

6 從冰箱取出後脫模即完成。

1

4

芝麻抹茶巧克力磚

最佳賞味期

5 天

器具
方形慕斯模
保鮮膜

食材
抹茶
巧克力 ⋯⋯⋯100g
白芝麻 ⋯⋯⋯20g
黑芝麻 ⋯⋯⋯30g

裝飾
白芝麻 ⋯⋯ 適量
黑芝麻 ⋯⋯ 適量

呂老師 Note

- 步驟 2：隔水加熱融化巧克力的做法可參考 P.12。
- 步驟 3：巧克力磚如果太厚會不好吃所以盡量倒入成 0.8 公分厚度比較恰當。
- 步驟 4：可買市售現成熟芝麻，若要自行烘烤可參考 P.13。
- 步驟 5：巧克力冷卻後會硬化，所以擺放食材過程要盡快完成，不然會無法在最後敲平巧克力磚
- 步驟 6：完成的巧克力磚可用保鮮膜包起來疊放，保存在常溫中。

1　將方形慕斯模底部與側邊包上保鮮膜，底部要繃緊。

2　以隔水加熱方式融化巧克力，記得保持微溫狀態。

3　將融化的巧克力倒進方形慕斯模，倒入約厚度 0.8 公分後，拿起模具往四個側邊各輕輕晃動，讓巧克力攤平。

4　倒入白芝麻及黑芝麻後略為攪拌，最後在表面灑上少許白芝麻與黑芝麻裝飾。

5　輕敲模具讓整體更加平整，放進冰箱冷藏 30 分鐘。

6　從冰箱取出後脫模即完成。

綜合水果
巧克力拼盤

最佳賞味期
3 天

分量
約 15 個

器具
三明治袋或擠花袋

食材
白巧克力…100g
杏桃乾……適量
鳳梨乾……適量
芭樂乾……適量
葡萄乾……適量

1　以隔水加熱方式融化巧克力。

2　將融化的巧克力裝填入三明治袋或擠花袋中，前端開小口，將平烤盤的底朝上反放，再擺上不沾布烤紙，擠放上圓形的巧克力醬後，在桌面輕敲，讓其自然攤平成形。

3　將水果乾擺放在巧克力醬上，盡量擺得有立體感，擺放時若發現巧克力已冷硬，可用吹風機暖風將其吹融再擺放。

4　擺放完成後靜置等巧克力放涼硬化即完成。

 呂老師Note ————————

⚙ 步驟1：隔水加熱融化巧克力做法可參考 P.12。

藍莓
巧克力拼盤

最佳賞味期
3 天

分量
約 15 個

器具
三明治袋或擠花袋

食材
白巧克力‥100g
藍莓乾‥‥‥適量
檸檬皮‥‥‥適量

1 以隔水加熱方式融化巧克力。

2 將融化的巧克力裝填入三明治袋或擠花袋中，前端開小口，將平烤盤的底朝上反放，再擺上不沾布烤紙，擠放上圓形的巧克力醬後，在桌面輕敲，讓其自然攤平成形。

3 將藍莓乾擺放在巧克力醬上，並灑上適量檸檬皮裝飾，擺放時若發現巧克力已冷硬，可用吹風機暖風將其吹融再擺放。

4 擺放完成後靜置等巧克力放涼硬化即完成。

呂老師 Note

⚙ 步驟1：隔水加熱融化巧克力做法可參考 P.12。

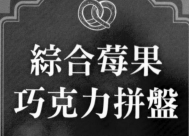

綜合莓果
巧克力拼盤

最佳賞味期
3 天

分量
約 15 個

器具
三明治袋或擠花袋

食材
白巧克力…100g
番茄乾……適量
杏桃乾……適量
蔓越梅乾……適量
檸檬皮……適量

1 以隔水加熱方式融化巧克力。

2 將融化的巧克力裝填入三明治袋或擠花袋中，前端開小口，將平烤盤的底朝上反放，再擺上不沾布烤紙，擠放上圓形或長條形的巧克力醬後，在桌面輕敲，讓其自然攤平成形。

3 將水果乾擺放在巧克力醬上，盡量擺得有立體感，最後灑上檸檬皮裝飾。擺放時若發現巧克力已冷硬，可用吹風機暖風將其吹融再擺放果乾或堅果。

4 擺放完成後靜置等巧克力放涼硬化即完成。

呂老師Note ────────

⚙ 步驟1：隔水加熱融化巧克力做法可參考P.12。

小魚乾花生巧克力拼盤

最佳賞味期
3 天

分量
約 15 個

器具
三明治袋或擠花袋

食材
白巧克力⋯⋯⋯100g
市售
小魚乾花生⋯適量

裝飾
枸杞⋯⋯⋯⋯⋯適量

1 以隔水加熱方式融化巧克力。

2 將融化的巧克力裝填入三明治袋或擠花袋中，前端開小口，將平烤盤的底朝上反放，再擺上不沾布烤紙，擠放上圓形的巧克力醬後，在桌面輕敲，讓其自然攤平成形。

3 將小魚乾花生擺放在巧克力醬上，盡量擺得有立體感，並灑上些許枸杞裝飾。擺放時若發現巧克力已冷硬，可用吹風機暖風將其吹融再擺放。

4 擺放完成後靜置等巧克力放涼硬化即完成。

呂老師Note ──────────

⚙ 步驟1：隔水加熱融化巧克力做法可參考 P.12。

熱帶堅果
巧克力拼盤

最佳賞味期
3 天

分量
約 20 個

器具
三明治袋或擠花袋

食材
牛奶
巧克力　　100g
夏威夷豆　適量
核桃　　　適量
杏仁果　　適量
海鹽　　　適量

1 以隔水加熱方式融化巧克力。

2 將融化的巧克力裝填入三明治袋或擠花袋
中，前端開小口，將平烤盤的底朝上反放，
再擺上不沾布烤紙，擠放上圓形的巧克力醬
後，在桌面輕敲，讓其自然攤平成形。

3 將堅果分別擺放一顆在巧克力醬上，盡量擺
得有立體感，並灑上些許海鹽調味。擺放時
若發現巧克力已冷硬，可用吹風機暖風將其
吹融再擺放。

4 擺放完成後靜置等巧克力放涼硬化即完成。

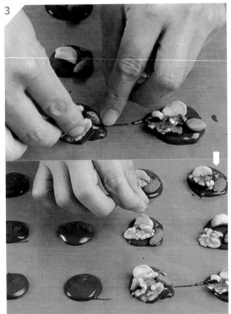

 呂老師 Note

⚙ 步驟 1：隔水加熱方融化巧克力做法可參考
　　　　　P.12。

⚙ 步驟 3：可買市售現成熟堅果，若要自行烘
　　　　　烤可參考 P.13。

腰果南瓜籽巧克力拼盤

 # 杏仁水果巧克力拼盤

最佳賞味期	**食材**
3 天	牛奶 巧克力 ⋯⋯ 100g 腰果 ⋯⋯ 適量 南瓜籽 ⋯⋯ 適量 杏桃乾 ⋯⋯ 適量
分量 約 20 個	
器具 三明治袋 或擠花袋	

最佳賞味期	**食材**
3 天	牛奶 巧克力 ⋯⋯ 100g 杏仁果 ⋯⋯ 適量 杏仁條 ⋯⋯ 適量 芭樂乾 ⋯⋯ 適量
分量 約 20 個	
器具 三明治袋 或擠花袋	

1 以隔水加熱方式融化巧克力。

2 將融化的巧克力裝填入三明治袋或擠花袋中，前端開小口，將平烤盤的底朝上反放，再擺上不沾布烤紙，擠放上圓形的巧克力醬後，在桌面輕敲，讓其自然攤平成形。

3 擺放一顆腰果、少許南瓜籽、一個杏桃乾在巧克力醬上，盡量擺得有立體感。擺放時若發現巧克力已冷硬，可用吹風機暖風將其吹融再擺放。

4 擺放完成後靜置等巧克力放涼硬化即完成。

1 以隔水加熱方式融化巧克力。

2 將融化的巧克力裝填入三明治袋或擠花袋中，前端開小口，將平烤盤的底朝上反放，再擺上不沾布烤紙，擠放上圓形的巧克力醬後，在桌面輕敲，讓其自然攤平成形。

3 擺放一顆杏仁果、少許杏仁條、一個芭樂乾在巧克力醬上，盡量擺得有立體感。擺放時若發現巧克力已冷硬，可用吹風機暖風將其吹融再擺放。

4 擺放完成後靜置等巧克力放涼硬化即完成。

夏威夷豆巧克力拼盤

最佳賞味期

3 天

分量

約 20 個

器具

三明治袋
或擠花袋

食材

牛奶
巧克力 ……100g
夏威夷豆…適量
海鹽………適量

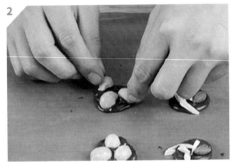

1　以隔水加熱方式融化巧克力。

2　將融化的巧克力裝填入三明治袋或擠花袋
　中，前端開小口，將平烤盤的底朝上反放，
　再擺上不沾布烤紙，擠放上圓形的巧克力醬
　後，在桌面輕敲，讓其自然攤平成形。

3　擺放 3 顆夏威夷豆在巧克力醬上，上方灑放
　些許海鹽調味。擺放時若發現巧克力已冷
　硬，可用吹風機暖風將其吹融再擺放。

4　擺放完成後靜置等巧克力放涼硬化即完成。

呂老師 Note

⚙ 步驟 1：隔水加熱方融化巧克力做法可參考
　　　　 P.12。

⚙ 步驟 3：可買市售現成熟夏威夷豆，若要自
　　　　 行烘烤可參考 P.13。

堅果巧克力
拼盤

最佳賞味期
3 天

分量
約 30 個

器具
三明治袋或擠花袋

食材
苦甜
巧克力……100g
夏威夷豆…適量
葵花籽……適量
核桃………適量

1 以隔水加熱方式融化巧克力。

2 將融化的巧克力裝填入三明治袋或擠花袋中，前端開小口，將平烤盤的底朝上反放，再擺上不沾布烤紙，擠放上長條形的巧克力醬後，在桌面輕敲，讓其自然攤平成形。

3 排列擺放堅果在巧克力醬上，盡量擺得有立體感。擺放時若發現巧克力已冷硬，可用吹風機暖風將其吹融再擺放。

4 擺放完成後靜置等巧克力放涼硬化即完成。

呂老師Note

● 步驟 1：隔水加熱方融化巧克力做法可參考 P.12。

● 步驟 3：可買市售現成熟葵花籽，若要自行烘烤可參考 P.13。

杏仁腰果巧克力拼盤

最佳賞味期

3 天

分量

約 30 個

器具

三明治袋
或擠花袋

食材

苦甜
巧克力……100g
杏仁果……適量
腰果……適量
杏仁條……適量

1　以隔水加熱方式融化巧克力。

2　將融化的巧克力裝填入三明治袋或擠花袋中，前端開小口，將平烤盤的底朝上反放，再擺上不沾布烤紙，擠放上長條形的巧克力醬後，在桌面輕敲，讓其自然攤平成形。

3　排列擺放堅果在巧克力醬上，盡量擺得有立體感。擺放時若發現巧克力已冷硬，可用吹風機暖風將其吹融再擺放。

4　擺放完成後靜置等巧克力放涼硬化即完成。

核桃夏威夷豆巧克力拼盤

最佳賞味期

3 天

分量

約 30 個

器具

三明治袋
或擠花袋

食材

苦甜
巧克力……100g
核桃………適量
夏威夷豆…適量

1　以隔水加熱方式融化巧克力。

2　將融化的巧克力裝填入三明治袋或擠花袋中，前端開小口，將平烤盤的底朝上反放，再擺上不沾布烤紙，擠放上長條形的巧克力醬後，在桌面輕敲，讓其自然攤平成形。

3　排列擺放堅果在巧克力醬上，盡量擺得有立體感。擺放時若發現巧克力已冷硬，可用吹風機暖風將其吹融再擺放。

4　擺放完成後靜置等巧克力放涼硬化即完成。

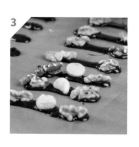

腰果杏仁南瓜籽
巧克力拼盤

最佳賞味期

3 天

分量

約 30 個

器具

三明治袋
或擠花袋

食材

苦甜
巧克力……100g
腰果………適量
杏仁果……適量
南瓜籽……適量

1　以隔水加熱方式融化巧克力。

2　將融化的巧克力裝填入三明治袋或擠花袋中，前端開小口，將平烤盤的底朝上反放，再擺上不沾布烤紙，擠放上長條形的巧克力醬後，在桌面輕敲，讓其自然攤平成形。

3　排列擺放堅果在巧克力醬上，盡量擺得有立體感。擺放時若發現巧克力已冷硬，可用吹風機暖風將其吹融再擺放。

4　擺放完成後靜置等巧克力放涼硬化即完成。

 呂老師 Note

⚙ 步驟 1：隔水加熱方式融化巧克力做法可參考
　　　　 P.12。

⚙ 步驟 3：可買市售現成熟堅果，若要自行烘
　　　　 烤可參考 P.13。

腰果果糖

最佳賞味期
5天

器具
單柄深鍋
木匙
粗篩網
叉子

食材
腰果⋯⋯⋯100g
砂糖⋯⋯⋯100g
水⋯⋯⋯50g

1 在單柄深鍋內加入水、砂糖，煮滾沸騰。

2 加入熟腰果（可參考 P.13），用木匙持續拌炒，炒至糖完全結晶化就離火。

3 放進篩網篩去多餘結晶。沾附糖結晶的腰果果糖會有部分成糰塊，可用叉子輕刺散開。

呂老師 Note

● 拌炒糖水時，水分蒸發的瞬間就會結晶，如果錯過結晶時機而繼續拌炒下去就會變成焦糖。所以如果錯過時機做成焦糖口味也沒關係。

● 步驟 2：腰果加入後要持續攪拌，但不時也需要停下觀察是否已將要結晶需關火。祕訣在於快煮滾呈現濃稠狀時，馬上熄火攪拌一下就能有完美結晶，如果熄火攪拌後發現還沒出現結晶，可再開火滾一下下再熄火攪拌確認。

● 步驟 3：製作完成後，篩除的多餘結晶可以加入等量的鮮奶油一起煮滾成為焦糖醬。保存期限約 3 天。

草莓腰果果糖

食材與步驟 1 ~ 3 同腰果果糖。

4 將分散好的腰果果糖放進鋼盆，用小篩網篩灑上適量草莓粉。

抹茶腰果果糖

食材與步驟 1 ~ 3 同腰果果糖。

4 將分散好的腰果果糖放進鋼盆，用小篩網篩灑上適量抹茶粉。

杏仁果糖

最佳賞味期
5 天

器具
單柄深鍋
木匙
粗篩網
叉子

食材
帶皮
杏仁果········100g
砂糖··········100g
水············50g

1　在單柄深鍋內加入水、砂糖，煮滾沸騰。

2　加入熟杏仁果（可參考 P.13），用木匙持續拌炒，炒至糖完全結晶化的瞬間就離火。

3　倒進篩網篩去多餘結晶。沾附糖結晶的杏仁果糖會有部分成糰塊，可用叉子輕刺散開成各個單顆。

呂老師 Note

❀ 這是過年必備點心。拌炒糖水時，水分蒸發的瞬間就會結晶，如果錯過結晶時機而繼續拌炒下去就會變成焦糖。所以如果錯過時機做成焦糖口味也沒關係。

❀ 步驟 2：杏仁果加入後要持續攪拌，但不時也需要停下觀察是否已將要結晶需關火。祕訣在於快煮滾有泡泡出現時，馬上熄火攪拌一下就能有完美結晶，如果熄火攪拌後發現還沒出現結晶，可再開火滾一下下再熄火攪拌確認。

❀ 步驟 3：製作完成後，篩除的多餘結晶可以加入等量的鮮奶油一起煮滾成為焦糖醬。保存期限約 3 天。

🍘 可可杏仁果糖

食材與步驟 1 ～ 3 同杏仁果糖。

4 將分散好的杏仁果糖放進鋼盆，用小篩網篩灑上適量可可粉。

呂老師 Note ────────

⚙ 步驟 4：適量是指灑完可可粉後，杏仁果糖還是保有像珊瑚礁的外形，如果完全蓋住，就過量了。

🍘 杏仁焦糖

最佳賞味期	鋼盆
5 天	叉子
器具	**食材**
單柄深鍋	帶皮
木匙	杏仁果……100g
粗篩網	砂糖………100g
	水…………50g

1 在單柄深鍋內加入水、砂糖，煮滾沸騰。

2 加入熟杏仁果（可參考 P.13），用木匙持續拌炒，炒至糖的顏色變深。

3 將杏仁焦糖從鍋中舀出在平烤盤上鋪平放涼。

呂老師 Note ────────

⚙ 鍋中多餘的焦糖可以再加入等量的鮮奶油一起煮滾成為焦糖醬。保存期限約 3 天。

餅乾製作 Q&A

Question & Answer

餅乾製作 Q&A

Q 外面的餅乾都很甜，自己做的餅乾可以如何調整糖的比例？

A 可以從兩個部分調整：
第一，就是更換糖的種類，例如用二砂糖或是海藻糖這一類甜度比較低的去替換部分的砂糖，藉此來降低甜度。
第二，就是減少糖量的使用，建議減糖的幅度不要高於原本糖量的 10%，因為糖屬於餅乾中的柔性材料和風味食材，減少太多的話餅乾風味會變得比較差，而且餅乾容易過硬。

Q 感覺餅乾都很肥（油），如果想要做比較「健康」的手工餅乾，可以挑哪種口味？

A 可以選擇在餅乾麵糰中，加入高纖穀物例如燕麥、亞麻籽等食材，中和油膩感並且增加口感的豐富性。
書中有許多橄欖油為基底的餅乾配方，都是相當養生健康美味的選擇。

Q 油、水的比例會怎麼影響餅乾口感呢？

A 奶油越多的餅乾配方，凝結性會下降口感會變得酥鬆，但是相對就不好整形而且形狀不容易定形。
餅乾的水分盡量不要太多，畢竟餅乾製作大多都會使用到雞蛋作為風味凝結食材，鮮奶或是鮮奶油這一類的液體製作餅乾，大多是要凸顯奶香風味。

Q 影響餅乾鬆軟或酥脆口感的最大差別是什麼呢？

A 除了配方比例之外，餅乾的厚薄度會最直接影響口感。因此希望強調酥脆口感特性時，會將餅乾麵糰做得較薄，希望強調鬆軟口感特性時，會將餅乾麵團做得較厚實。譬如本書的「椰香金字塔」（P.41）就是將麵糰捏塑出上端尖薄＋底部厚實的形狀，讓 1 塊餅乾有不同口感層次。

Q 老師說的鬆軟口感餅乾，在家烤好馬上品嘗，吃起來怎麼覺得口感還是偏脆？

A 有厚度的鬆軟餅乾，要記得出爐後靜置1天的時間，讓餅乾慢慢回軟，鬆軟好吃的口感就會出現。

★ Q 烤箱時間有時標示的是一段時間，譬如 20 ～ 22 分鐘，要怎麼判斷該烤多久？

A 以 20 ～ 22 分鐘為例，是指先設定 20 分鐘，出爐後再觀察烤好的餅乾顏色是否已熟且烘烤上色，如果顏色還太淡就設定再烤 1 分鐘，慢慢順出自家烤箱合用的烘烤時間。不同品牌烤箱的使用狀況會有細微差別，因此烤箱時間是一個參考值，大家在家烘烤時可再依出爐後狀況加或減少許時間。

Q 為什麼有些餅乾麵糰在捏製時需要在桌上及麵糰上加灑高筋麵粉？可以用低筋麵粉代替嗎？

A 在避免麵糰太過黏手及沾黏工作桌時，會加灑少許高筋麵粉，這些麵粉稱之為「手粉」。通常手粉會使用高筋麵粉是因為高筋麵粉的特性符合使用。在製作餅乾遇到灑手粉的步驟時，如果真的手邊沒有高筋麵粉，想用低筋麵粉代替也可以。最重要的是要記得不論使用高筋或低筋麵粉，「手粉」使用分量請盡量少，因為如果一下灑太多量會影響到成品口感。

Q 為什麼常見市面不少方塊酥餅乾會有很多碎屑？

A 重點在執行奶油、糖粉一起用打蛋器攪拌的步驟時，記得只要攪拌均勻即可，不可攪拌太久，一但攪拌過久就會讓方塊酥成品容易掉屑。

Q 香草莢該怎麼挑選呢？

A 香草莢的挑選可依個人喜好。關於各種香草莢的不同主要氣味調性，整理如下提供大家參考：

印尼波本香草莢—
綜合莓果、煙草、木質、牛奶

馬達加斯加波本香草莢—
奶油、可可、煙草、牛奶

巴布亞新幾內亞大溪地香草莢—
櫻桃、鮮花、胡桃、牛奶

資料來源：香草先生 (https://www.facebook.com/MrVanillaBeanstw/)

Q 香草莢該如何保存呢？

A 可放在玻璃試管瓶中或裝在夾鏈袋裡，在室內通風陰涼處常溫保存，避免陽光直射、避免受潮、盡早使用完畢。若需保存較久的時間可泡在高濃度烈酒中製作成天然香草精保存。天然香草精建議配方為1公升烈酒+4條3A等級香草莢。

Q 配方中的楓糖跟蜂蜜可以互相替代嗎？

A 楓糖及蜂蜜雖同為糖漿，甜度也相近，不過仍有香氣風味的差異，一般來說楓糖的香氣風味較溫和，蜂蜜則香氣風味較強烈，所以配方中選用楓糖或蜂蜜，主要是看食材主風味的均衡感，兩者如果選用替代，會影響到成品的風味。

Q 為什麼書中強調了手工餅乾的「賞味期」而不是保存期限？

A 這本書的配方的重點就是 0 添加物，可以吃得安心又健康，也因為完全無添加，所以不會是放上半年也還可以吃的狀況！想告訴大家，餅乾並不是放越久就越好，也想幫大家建立一個觀念，其實餅乾在幾天內吃才會是最好吃的！

Q 如果在製作中還有其他疑問要怎麼問老師？

A 歡迎來老師的 FB 粉絲團「呂昇達老師的烘焙市集 Professional Bread/Pastry Making」提問喔！

100% 幸福無添加手作餅乾

呂老師的 80 道五星級餅乾與點心

作　　者／呂昇達
攝　　影／黃威博
美術編輯／申朗創意
企畫選書人／張莉滎
烘焙助理／呂雅琪、柯美庄、陳詩婷、
　　　　　葉瓊芬（葉旺旺）、劉安綺、鄧鈺樺

總 編 輯／賈俊國
副總編輯／蘇士尹
資深主編／吳岱珍
編　　輯／高懿萩
行銷企畫／張莉滎‧廖可筠‧蕭羽猜

發 行 人／何飛鵬
出　　版／布克文化出版事業部
　　　　　臺北市中山區民生東路二段 141 號 8 樓
　　　　　電話：(02)2500-7008　傳真：(02)2502-7676
　　　　　Email：sbooker.service@cite.com.tw
發　　行／英屬蓋曼群島商家庭傳媒股份有限公司城邦分公司
　　　　　臺北市中山區民生東路二段 141 號 2 樓
　　　　　書虫客服服務專線：(02)2500-7718；2500-7719
　　　　　24 小時傳真專線：(02)2500-1990；2500-1991
　　　　　劃撥帳號：19863813；戶名：書虫股份有限公司
　　　　　讀者服務信箱：service@readingclub.com.tw
香港發行所／城邦（香港）出版集團有限公司
　　　　　香港灣仔駱克道 193 號東超商業中心 1 樓
　　　　　電話：+852-2508-6231　傳真：+852-2578-9337
　　　　　Email：hkcite@biznetvigator.com
馬新發行所／城邦（馬新）出版集團 Cité (M) Sdn. Bhd.
　　　　　41, Jalan Radin Anum, Bandar Baru Sri Petaling,
　　　　　57000 Kuala Lumpur, Malaysia
　　　　　電話：+603- 9057-8822　傳真：+603- 9057-6622
　　　　　Email：cite@cite.com.my
印　　刷／韋懋實業有限公司
初　　版／2017 年（民 106）1 月　　2022 年（民 110）2 月初版 14 刷
定　　價／380 元
I S B N ／978-986-93792-7-4
© 本著作之全球中文版（含繁體及簡體版）為布克文化版權所有‧翻印必究

城邦讀書花園　**布克文化**
www.cite.com.tw　www.SBOOKER.COM.TW

國家圖書館預行編目 (CIP) 資料

100% 幸福無添加手作餅乾：呂老師的 80 道五星級餅乾
與點心 / 呂昇達著 . -- 初版 . -- 臺北市：布克文化出版：
家庭傳媒城邦分公司發行 , 106.01
　　面；　公分 . -- (布克生活；72)
ISBN 978-986-93792-7-4(平裝)

1. 點心食譜

427.16　　　　　　　　　　　　　　105023588

染染生活
創意教室

－學習，是最趨勢的時代志業 －
－生活，可以是種體驗與享受 －
－美學，提升學習與生活的品味 －

在染染學習生活，在生活體現美學

關 於 染 染

在探索生活的過程中常有滿滿的收穫想跟朋友們分享
於是決定再次挑戰自我開辦一個生活學習的平台空間
有美術、烘焙、料理、創意手作、藝術策展等活動
提供大小朋友們一個輕鬆舒適的生活學習空間
為生活染上色彩，染上美味，染上創意，染上自然

染色
美術與美學

染味
烘焙與中西料理教學

染生活
手作工藝與講座

做喜歡的事
讓喜歡的事有價值

f 染染生活創意教室

ADD：台中市南屯區河南路四段686-1號
TEL：04-23826382
E-mail：Kiki0920678345@gmail.com

廚房的料理大師

讓料理少了油煙味，多了健康跟美味

YS-5320OT

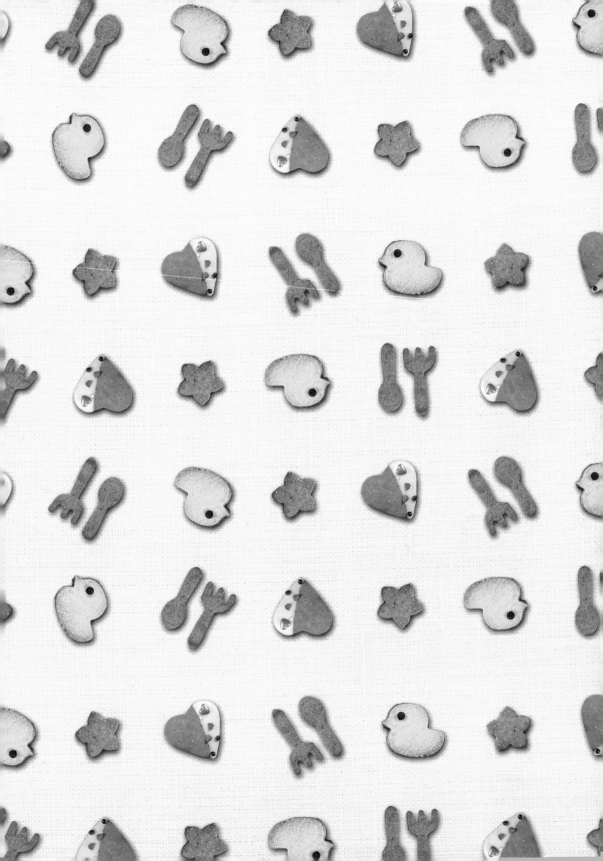

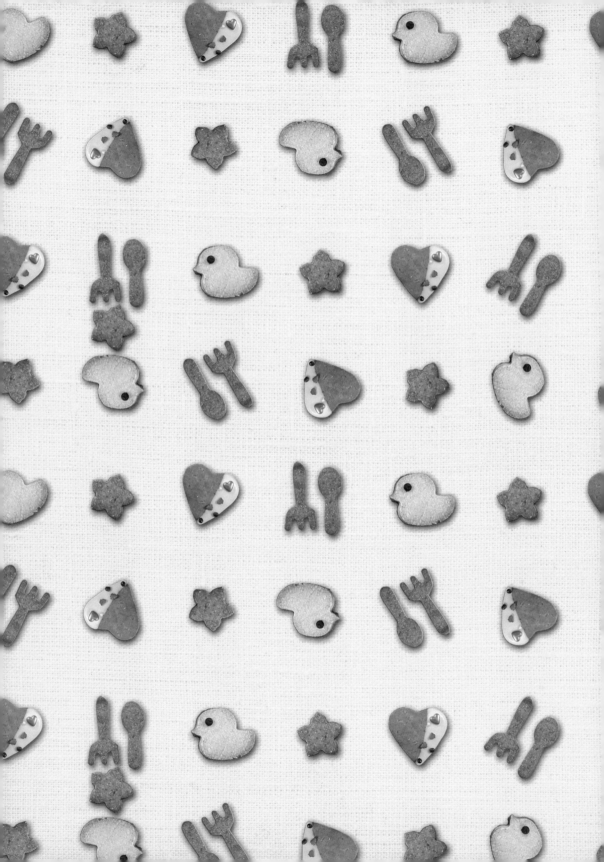

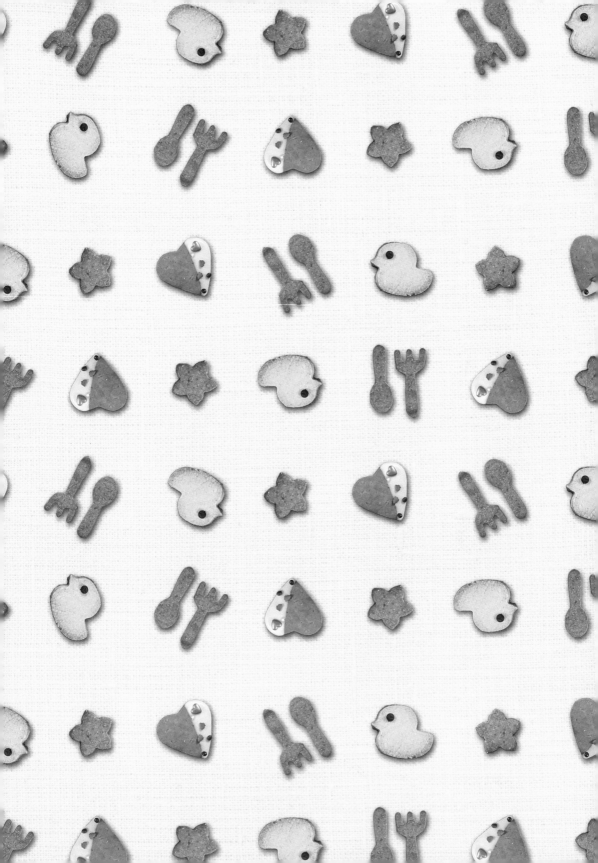

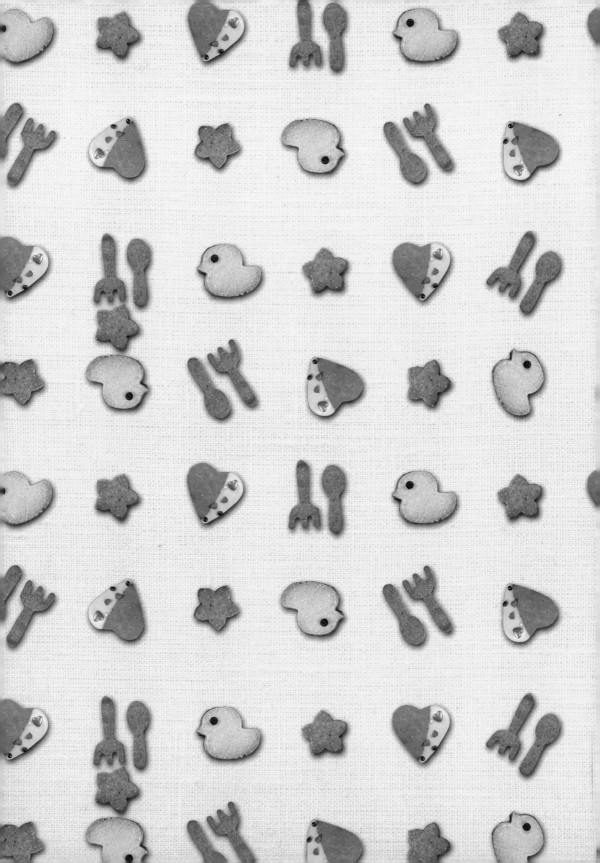